海南省城市臭氧污染特征及气象学成因

符传博　丹　利　唐家翔　佟金鹤　刘丽君　编著

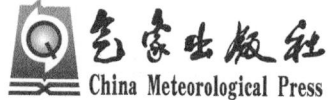

内容简介

本书归纳了编著者近几年有关海南省(三沙市除外)城市臭氧及其前体物浓度时空变化特征、臭氧污染时段天气类型归类、外源输送特征及典型臭氧污染事件的气象学成因分析,以及基于卫星反演的臭氧前体物实况变化特征的研究成果,以期为政府部门大气污染防治政策的制定、气象和环保部门空气质量预报服务工作,以及大气环境领域的科研工作提供科技支撑。

本书可为政府大气污染防治政策制定部门、生态环境科研人员、高校师生及一线环境气象预报人员提供参考。

图书在版编目(CIP)数据

海南省城市臭氧污染特征及气象学成因 / 符传博等编著. — 北京:气象出版社,2021.6
ISBN 978-7-5029-7435-0

Ⅰ.①海⋯ Ⅱ.①符⋯ Ⅲ.①臭氧-空气污染-研究-海南②臭氧-成因-研究-海南 Ⅳ.①X51②O613.3

中国版本图书馆 CIP 数据核字(2021)第 081451 号

海南省城市臭氧污染特征及气象学成因
Hainan Sheng Chengshi Chouyang Wuran Tezheng ji Qixiangxue Chengyin

出版发行:气象出版社	
地　　址:北京市海淀区中关村南大街 46 号	邮政编码:100081
电　　话:010-68407112(总编室)　010-68408042(发行部)	
网　　址:http://www.qxcbs.com	E-mail:qxcbs@cma.gov.cn
责任编辑:张　媛	终　审:吴晓鹏
责任校对:张硕杰	责任技编:赵相宁
封面设计:地大彩印设计中心	
印　　刷:北京中石油彩色印刷有限责任公司	
开　　本:710 mm×1000 mm　1/16	印　张:6.75
字　　数:136 千字	
版　　次:2021 年 6 月第 1 版	印　次:2021 年 6 月第 1 次印刷
定　　价:40.00 元	

本书如存在文字不清、漏印以及缺页、倒页、脱页等,请与本社发行部联系调换

前 言

海南省作为中国唯一的热带海岛旅游省份,其城市环境空气质量对海南国际旅游岛、中国(海南)自由贸易试验区(港)的形象有举足轻重的作用。近年来,随着机动车保有量的持续增长和城市开发建设的加快,海南省城市大气环境问题日益加重。2019年9月和10月海口市空气质量在国内主要城市均排名第9位,在此期间海南省多次出现大范围的臭氧污染天气。另外,根据世界卫生组织发布的全球1081个城市空气质量排名,海口市环境空气质量位列第814位,与普吉岛、夏威夷、新加坡等其他国际著名海岛旅游地相比,有较大差距。目前,关于海南省臭氧污染特征方面的研究基本属于空白,前人的研究主要集中于单个城市和污染个例分析,没有涉及海南全省的臭氧浓度时空分布、演变规律和外源输送贡献源区以及输送路径等问题。因此,全面了解海南省城市臭氧污染现状及其成因非常有必要。本书归纳了作者2014年以来有关海南省城市臭氧污染特征及气象学成因的相关研究成果,以期为政府部门大气污染防治政策的制定、气象和环保部门空气质量预报服务工作,以及大气环境领域的科研工作提供科技支撑。本书所用资料均不包括三沙市,特此说明。

本书得到了国家自然科学基金项目"海南省城市臭氧污染的形成机理研究"(编号:42065010)、海南省自然科学基金项目"海南地区城市臭氧浓度时空变化及气象学成因研究"(编号:419MS108)、中国气象局预报员专项项目"基于CUACE模式的海口市空气质量预报效果检验"(编号:CMAYBY2018-059)、海南省自然科学基金项目"海南岛霾天气状况及气象学成因研究"(编号:20154182)、中国气象局预报员专项项目"2014年海口市大气污染事件的气象条件分析"(编号:CMAYBY2015-060)、海南省气象局科研项目"基于卫星反演资料分析海南岛大气污染物现状及大气输送特征"(编号:HNQXMS201402)等的资助。本书是以上科研项目课题成果的集成,大部分内容是作者在已发表论文的基础上整理归纳而成,是一系列研究成果的系统化总结。

全书共有8章,第1章由符传博执笔;第2章由符传博、丹利、佟金鹤执笔;第3

章由符传博、唐家翔、佟金鹤执笔;第 4 章由符传博、丹利、佟金鹤执笔;第 5 章由符传博、丹利、刘丽君执笔;第 6 章由符传博、唐家翔、佟金鹤执笔;第 7 章由符传博、丹利、佟金鹤执笔;第 8 章由符传博、丹利、刘丽君执笔。全书由符传博统稿。

本书在编写过程中得到了海南省气象局和海南省南海气象防灾减灾重点实验室的关心与指导,同时得到了项目承担单位海南省气象科学研究所和海南省气象台的大力支持,一并表示感谢!

由于作者水平有限,书中难免存在不足之处,恳请专家、读者批评指正。

编者

2021 年 1 月

目 录

前言
第1章 城市臭氧形成机理及影响因素 (1)
1.1 城市臭氧形成化学机理研究 (1)
1.2 我国不同尺度城市臭氧污染浓度特征 (4)
1.3 城市臭氧污染影响因素研究 (6)
1.4 结论与展望 (8)

第2章 资料与研究方法 (10)
2.1 资料来源 (10)
2.2 研究方法 (11)

第3章 海南省臭氧浓度时空分布特征 (15)
3.1 海南省年平均臭氧浓度空间分布 (16)
3.2 海南省四季臭氧浓度空间分布 (17)
3.3 海南省年平均臭氧浓度年际变化 (18)
3.4 海南省四季臭氧浓度日变化 (20)
3.5 海南省臭氧浓度月变化 (21)
3.6 海南省区域性臭氧污染特征 (22)
3.7 海南省一次典型区域性臭氧污染成因分析 (23)

第4章 前体物和气象因子对海南省臭氧浓度的影响 (31)
4.1 前体物与臭氧的相关分析 (31)
4.2 四季前体物与臭氧的关系 (32)
4.3 前体物对典型臭氧污染天气的作用 (34)
4.4 气象因子与臭氧浓度的关系 (35)
4.5 气象因子对典型臭氧污染天气的作用 (36)

第5章 海南省臭氧污染天气型分类 (38)
5.1 影响海南省的天气分型简述 (38)
5.2 海南省区域性臭氧污染的天气型分类 (44)
5.3 不同天气型下海南省臭氧污染落区 (46)
5.4 海南省臭氧污染天气的大气环流特征 (48)

第6章 区域传输对海南省大气污染物浓度的影响 ……… (53)
- 6.1 2013—2018 年海口市空气质量概况 ……… (54)
- 6.2 影响气流后向轨迹与聚类分析 ……… (55)
- 6.3 大气监测期间的气流轨迹及潜在源区 ……… (58)

第7章 海南省重点城市臭氧浓度变化特征 ……… (60)
- 7.1 海口市臭氧浓度变化特征 ……… (60)
- 7.2 海口市一次典型臭氧污染过程分析 ……… (69)
- 7.3 三亚市臭氧浓度变化特征 ……… (76)

第8章 基于卫星反演的海南省臭氧前体物浓度变化特征 ……… (83)
- 8.1 海南省大气二氧化氮柱浓度空间分布 ……… (83)
- 8.2 海南省大气二氧化氮柱浓度变化特征 ……… (85)
- 8.3 海南省大气二氧化氮柱浓度季节变化 ……… (86)
- 8.4 海南省对流层二氧化氮柱浓度年际变化 ……… (88)
- 8.5 对流层二氧化氮柱浓度与国内生产总值、人口分布和能源消耗等的关系 ……… (89)

参考文献 ……… (91)

第1章 城市臭氧形成机理及影响因素

空气污染是我国在快速城市化和经济发展过程中亟待解决的难题。2018年,我国国内生产总值(Gross Domestic Product,GDP)突破了90万亿元,城市化率达到了59.58%(国家统计局,2019)。快速的经济增长和城市化推动了人民物质财富的快速积累,生活水平大幅提高,但同时也造成化石燃料大量消耗和生态环境恶化(张小曳 等,2013),霾、光化学烟雾等复合型大气环境问题日趋严重(丁一汇 等,2014;符传博 等,2014;2016c)。大量的研究结果表明,臭氧(O_3)和细颗粒物($PM_{2.5}$)是对城市大气环境和人类健康影响最大的两类污染物(白志鹏 等,2006;李莉,2013;朱彤 等,2010;李云燕 等,2017)。2013年9月10日国务院颁布《大气污染防治行动计划》以来,我国大气污染防治工作取得显著成效,城市$PM_{2.5}$浓度持续下降,但O_3浓度却稳步上升,部分城市O_3已经代替$PM_{2.5}$成为最主要的大气污染物,尤以低纬地区的城市更为突出(邓爱萍 等,2017;沈劲 等,2017)。

O_3在大气化学中具有重要作用。10%的O_3分布在对流层,作为强氧化剂在许多化学过程中充当着重要角色(汪明圣 等,2017),但同时也是一种强氧化性的大气污染物(冯兆忠 等,2018)。高浓度O_3不仅会对人体健康造成不同程度的伤害(Anenerg et al.,2010;Liu et al.,2018;Croze et al.,2018),同时对生态系统也会造成影响(Fuhere,2009;耿春梅 等,2014)。研究表明,全球对流层O_3平均浓度普遍呈增加趋势,其中,城市O_3浓度上升更为显著(程麟钧 等,2017;Beddows et al.,2017)。与$PM_{2.5}$相比,O_3污染成因更复杂,治理难度更大。国内外相关专家学者在O_3污染的形成机制、污染特征和来源、影响因素及监测预报等方面研究已取得一定进展,为污染和防治策略的制定提供了支撑。本章内容主要介绍城市O_3形成机理研究情况,概述我国城市O_3污染浓度特征及影响因素研究进展,并对未来研究方向和热点进行展望。

1.1 城市臭氧形成化学机理研究

早在20世纪40年代,就有学者开始研究城市O_3产生的化学机理问题。1962年,Junge(1962)就对流层O_3来源问题进行了研究,认为平流层中的O_3在受到波长小于240 nm紫外线的辐射影响后,分解产生氧原子并与氧分子结合产生O_3。平流

层产生的 O_3 下传到对流层成为对流层 O_3 的源,O_3 在地面沉降成为对流层 O_3 的汇,从而保持对流层 O_3 的平衡。

20 世纪 70 年代后,学者们开始注意到对流层 O_3 可能与大气光化学反应生成有关。Levy(1971)提出对流层 OH 自由基和 HO_2 自由基产生机理的假说;Crutzen(1974)在此基础上做了进一步研究,结果表明在清洁大气中光化学反应影响 O_3 的产生和分布;之后 Crutzen(1975)和 Chameides 等(1976)又研究了 CH_4 在 NOx 作用下的催化氧化反应机理;Fishman 等(1978)提出包括 CO 在内的氧化反应过程。随着研究的深入,对流层 O_3 主要是由光化学反应生成的观点已经得到了广大专家学者的普遍认可,同时人们的研究方向也转移到了影响光化学反应的因素上。Brewer 等(1983)发现人为活动产生的非甲烷碳氢化合物(NMHC)参与了对流层光化学反应过程。Stockwell(1986)和 Pandis 等(1989)研究了包括气相、液相在内的大气光化学反应,Chameides(1984)、Lelieveld 等(1990)还研究了云在光化学反应中的作用。

我国的 O_3 污染研究始于 20 世纪 70 年代。甘肃省环境保护所大气化学组(1980)的文章指出,甘肃省西固区自 1974 年开始出现烟雾弥漫、眼睛受刺激等现象,经 1979 年夏季现场监测结果证实为光化学污染,环境空气中出现较高浓度的 O_3 和过氧乙酰硝酸酯(PAN)。文章还对污染机理进行了简单分析,认为主要是由氮氧化物和碳氢化合物在光照等条件下发生了一系列光化学反应,从而形成大气光化学污染。文章报道后,获得我国有关部门和科学界的关注。40 多年来,我国科研人员在 O_3 污染特征、来源解析、预报预警等方面进行了广泛研究,对 O_3 形成机理有了基本认识,如徐怡珊等(2018)介绍了 O_3 污染形成的影响因素和简单形成机制;刘烽等(2017)等较详细介绍了 O_3 形成的化学反应机理,并指出英国利兹大学开发的主化学机制(Master Chemical Mechanism,MCM)是当时最详尽的大气化学机制,MCM 共包括 12700 个化学反应、4400 种化学物质。2020 年 10 月 16 日发布的《中国大气臭氧污染防治蓝皮书(2020 年)》详细介绍了 O_3 污染的形成机制,用 17 个化学反应组成的简化机制概括描述了光化学烟雾的形成过程,主要包括 O_3 与 NO 和 NO_2 的光化学循环、自由基引发反应、自由基传递反应、自由基终止反应 4 个部分。

(1)O_3 与 NO 和 NO_2 的光化学循环:NO_2 的光解是 $O(^3P)$ 的唯一重要来源,而三重态氧原子 $O(^3P)$ 与 O_2 结合便形成 O_3,这个过程依赖足够的太阳辐射。在洁净的大气环境中,O_3 可立即与 NO 发生反应生成 NO_2 和 O_2,不会造成 O_3 浓度的增加。在受大气污染的城市环境中,受挥发性有机物(VOCs)等污染物影响,除式(1.3)反应外,还存在其他物质与 NO 反应转化为 NO_2 的化学过程,致使 O_3 与 NO 和 NO_2 的光化学循环反应动态平衡被打破,阻碍了式(1.3)O_3 分解反应的进行,从而导致 O_3 的净增加。而在这些复杂的大气化学反应过程中,自由基的介入成为大气污染的关键驱动力。

$$NO_2 + h\nu \rightarrow NO + O(^3P) \qquad (1.1)$$

$$O(^3P) + O_2 + M \rightarrow O_3 \tag{1.2}$$

$$O_3 + NO \rightarrow NO_2 + O_2 \tag{1.3}$$

(2) 自由基引发反应：在晴天污染大气中，OH 自由基的来源主要有两个：一是 O_3 光解后与水汽的快速反应(式(1.4)、式(1.5))；二是醛、酮等挥发性有机物的光解反应，这也是污染城市近地面 OH 自由基的主要初级来源。在光化学反应过程中，OH 自由基驱动了大气的氧化过程，与 VOCs 等多种污染物反应，控制它们的氧化和去除过程。

$$O_3 + h\nu \rightarrow O(^1D) + O_2 \tag{1.4}$$

$$O(^1D) + H_2O \rightarrow OH + OH \tag{1.5}$$

$$HONO + h\nu \rightarrow OH + NO \tag{1.6}$$

(3) 自由基传递反应：式(1.7)~(1.13)是自由基的链传递过程，CO 和 VOCs 与 OH 自由基反应生成过氧自由基(HO_2 或 RO_2)，过氧自由基进一步氧化 NO 为 NO_2，同式(1.3)反应竞争，使得 O_3 出现净增加。

$$CO + OH \rightarrow H_2O + CO_2 \tag{1.7}$$

$$VOCs + OH \rightarrow RO_2 + H_2O \tag{1.8}$$

$$RCHO + OH \rightarrow RC(O)O_2 + H_2O \tag{1.9}$$

$$RCHO + h\nu \rightarrow RO_2 + HO_2 + CO \tag{1.10}$$

$$HO_2 + NO \rightarrow NO_2 + OH \tag{1.11}$$

$$RO_2 + NO \rightarrow NO_2 + RCHO + HO_2 \tag{1.12}$$

$$RC(O)O_2 + NO \rightarrow NO_2 + RO_2 + CO_2 \tag{1.13}$$

(4) 自由基终止反应：式(1.14)、式(1.15)过氧自由基之间的反应可以成为 OH 自由基的去除过程。此外，OH 自由基或过氧自由基分别与 NO_2 反应形成气态硝酸或过氧硝酸盐。这些自由基链终止反应过程，避免了大气中"爆炸性"O_3 浓度的发生。

$$HO_2 + HO_2 + M \rightarrow H_2O_2 + O_2 + M \tag{1.14}$$

$$HO_2 + RO_2 \rightarrow ROOH + O_2 \tag{1.15}$$

$$OH + NO_2 + M \rightarrow HNO_3 + M \tag{1.16}$$

$$RC(O)O_2 + NO_2 \rightarrow PAN \tag{1.17}$$

以上 O_3 形成的简化反应机制仅仅是大气化学中的最基本部分。O_3 作为城市二次污染物，其形成过程受 NO_X 和 VOCs 主要前体物排放、光化学转化、气象驱动等的共同作用影响(Crutzen et al., 1983; Lee et al., 1997)。我国城市群区域广泛存在大气复合污染，污染来源复杂，影响因素较多，尤其是种类繁多的 VOCs 不仅导致城市 O_3 浓度升高，同时也是二次气溶胶的重要前体物，化学反应机理复杂。VOCs 在参与光化学反应过程中，其氧化中间体往往容易凝结成气溶胶粒子。因此，城市中 VOCs 成分的改变，对 O_3 和二次气溶胶的生成均有较大影响(李莉，2013)，相关的研究还在进一步进行中。

1.2 我国不同尺度城市臭氧污染浓度特征

1.2.1 全国尺度城市臭氧污染浓度特征

我国自20世纪70年代开始关注城市O_3污染问题,自甘肃西固区光化学污染事件发生后,京津冀地区、珠江三角洲和长江三角洲也出现了较为严重的区域性光化学烟雾(王雪松 等,2009;谢鹏 等,2010;胡正华 等,2012),而且有向中小城市蔓延的趋势。吴锴等(2018)研究了2015—2016年全国336个城市O_3污染状况时空分布特征,发现258个城市2016年O_3浓度较2015年升高,京津冀及周边地区、长三角地区及中部的河南、武汉污染较重,东南沿海和西南地区的云南、西藏污染相对较轻。程麟钧等(2017)采用旋转经验正交函数法(Rotated Empirical Orthogonal Function,REOF)分析了2016年中国338个城市O_3浓度的时空变化特征,结果表明:2016年污染季节(5—10月)不同区域间O_3浓度的时间变化趋势彼此独立,同时受当地地形因素、气象条件、光化学反应等因素影响。程麟钧(2018)对比了338个城市2016年与2015年O_3年平均浓度变化,发现2016年我国城市O_3年平均浓度为$(86.2\pm13.4)\mu g\cdot m^{-3}$,与2015年相比上升了$(3.6\pm13.4)\mu g\cdot m^{-3}$;此外,$O_3$已经成为我国仅次于$PM_{2.5}$的第二大环境空气污染物,有40个城市$O_3$超标率大于$PM_{2.5}$,主要分布在我国东南部、西部等太阳紫外辐射较强区域。李霄阳等(2018)对比了不同区域城市O_3浓度月变化特征,发现北方城市和南方城市分别具有显著的倒"V"和"M"型月变化规律,且呈现夏季高、春秋季居中、冬季最低的特征。限于全国范围的观测站点观测时间不长,类似的工作尚不多见,有些学者开始利用卫星资料来弥补站点数据的不足。张倩倩等(2019)利用卫星和地面观测O_3浓度,对2013年以来我国O_3的时空分布和年际变化进行了对比分析,结果表明,我国高浓度O_3主要分布在东部人口密集、经济发达的区域,并且呈现夏季高、冬季低的季节分布趋势。就全国尺度而言,我国O_3污染已经达到较为严重的程度,特别是京津冀、珠三角和长三角地区,O_3污染治理刻不容缓。

1.2.2 典型城市群臭氧污染浓度特征

我国人口大多数集中在东半部地区,特别是京津冀、长三角和珠三角地区,人为排放一直很高,空气污染较为严重,城市O_3观测研究工作开展相对较早,同时也积累了大量的研究成果(Lin et al.,2009;Wang et al.,2001a;耿福海 等,2010)。研究表明,京津冀地区的O_3污染最为严重,而长三角和珠三角地区则不相上下,这与3个区域对流层O_3含量的相对高低基本一致(徐晓斌 等,2010)。王玫等(2019)对京津冀地区13个城市的O_3浓度数据进行了分析,发现2014—2017年O_3浓度年平均增长$4.5~\mu g\cdot m^{-3}$,其中北京、保定的O_3污染最为严重。余益军等(2020)研究发现,京津冀地区13个城市2013—2018年O_3浓度升高速率达$2.31\sim7.12~\mu g\cdot m^{-3}\cdot a^{-1}$,平均值为 4.97 $\mu g \cdot m^{-3} \cdot a^{-1}$，高于长三角地区。刘小正等(2016)利用 OMI 卫星反演数据分析了 2005—2014 年中国中东部地区对流层 O_3 变化趋势，发现冬季 O_3 上升速度达 40%，其中京津冀地区的 O_3 涨幅超过长三角和珠三角地区，此外，长三角地 O_3 混合比例最高，而珠三角地区相对较稳定。

3 个典型城市群 O_3 污染的季节变化特征也较为突出。京津冀地区一般 6—9 月是 O_3 高污染期，月平均峰值主要出现在 6 月，9 月为次峰值，7—8 月略低于 9 月(Lin et al., 2009；刘希文 等，2010)。长三角地区在 5—6 月和 9—10 月可出现水平相当的 O_3 峰值，峰值相对高低和出现月份可随年度和地点而变化，7—8 月则出现明显的低值，沿海地区尤其显著(安俊琳 等 2010；洪盛茂 等，2009)。珠三角地区的 O_3 峰值通常出现在秋季的 10—11 月，有时也会在初冬出现，春季出现次峰(Wang et al., 2001b；Zhang et al., 2008)。3 个典型城市群夏季 O_3 浓度通常不是全年最高，只是略高于冬季，主要是夏季降水等因素削弱了 O_3 生成和累积的结果。此外，南北方 O_3 峰值期不同可以通过光化学反应过程和气象条件的相互影响作用来解释：一方面，由于气候、地表植被类型、城市发展规模等差异，南北方城市大气中参与光化学反应的 VOCs 种类也不尽相同，光化学反应过程强烈程度、O_3 生成速率都有较大差异，从而影响城市 O_3 浓度峰值的出现；另一方面，南北方城市汛期时长和地理位置的不同，造成气象条件上有较大差异，如南方城市汛期降水强度和持续时间均大大超过北方城市，而北方城市由于纬度偏北，紫外辐射偏弱，气温偏低，光化学反应强度低于南方城市，北方城市 O_3 峰值期在夏季更容易出现。

1.2.3 西部工业城市臭氧污染浓度特征

我国西部地区有多个工业城市，如兰州、成都、重庆、昆明等，其工业排放大，汽车保有量多，城市空气污染严重。研究表明，西部工业城市 O_3 浓度年际变化有上升的趋势。姜允迪等(2000)分析了 1985—1996 年兰州市 O_3 浓度变化特征，发现 O_3 浓度存在着较明显的年际变化，且年平均浓度值有波动式升高的趋势。吴锴等(2017)分析了 2013—2016 年成都市 6 个国控环境监测站 O_3 浓度资料，表明 O_3 年平均浓度不断上升。门奇等(2018)研究发现 2013—2017 年重庆市江北区 O_3 浓度有逐年增加的趋势。值得注意的是，西部城市 O_3 浓度月季变化与东部略有不同，西部城市 O_3 浓度峰值多出现在夏季，如李全喜等(2018)利用兰州市 4 个监测点 2014—2016 年资料分析了 O_3 浓度时空分布特征以及影响因素，表明 O_3 的月季变化为单峰分布，夏季最高。徐锟等(2018)发现高温、低湿、强辐射有利于成都市夏季 O_3 浓度升高，易造成污染。西部城市多属于大陆性气候区，夏季降水量偏少，因此降水对大气污染物的冲刷作用不大，而夏季高温和强辐射造成光化学反应速率上升，O_3 浓度升高。在我国制定实施的西部大开发政策带动下，西部城市规模扩大，经济发展加速，同时也伴随着人为活动加剧，大气污染物排放增多，O_3 浓度上升。

1.3 城市臭氧污染影响因素研究

1.3.1 气象因子对城市臭氧污染浓度的影响

气象因子会显著影响城市 O_3 及其前体物的浓度变化。太阳紫外辐射是光化学反应的基本条件之一,高强度的紫外辐射配合高温低湿的气象条件能有效地促进光化学反应生成速率,导致 O_3 污染累积(洪盛茂 等,2009;李顺姬 等,2018)。此外,风向和风速的变化对 O_3 的传输及消散也会产生影响。

一般而言,太阳紫外辐射越强,气温越高,光化学反应越剧烈,因而气温与城市 O_3 浓度存在正相关关系(王玫 等,2019;李全喜 等,2018)。我国北方城市夏季 O_3 浓度一般都高于冬季,如北京市(王玫 等,2019)、石家庄市(陆倩 等,2019)等受气温的影响更为明显,而南方城市 O_3 浓度最高值并没有出现在夏季,如广州市(沈劲 等,2017)、杭州市(洪茂盛 等,2009)等 O_3 浓度依赖于其他因素(程麟钧,2018)(如降水、湿度、太阳紫外辐射等)。Xu 等(2011)研究发现,北京市气温高于 21 ℃后,O_3 浓度与气温存在线性上升关系,特别是气温高于 26 ℃以后,O_3 浓度容易出现超标。陆倩等(2019)研究表明,石家庄市 O_3 浓度日变化最高值主要出现在气温最高的 14:00—16:00。香港地区旱季 O_3 浓度对于太阳辐射的响应更明显(Zhao et al.,2016)。

相对湿度的大小会对城市 O_3 的生成和清除产生影响。一方面,相对湿度偏大时,往往会抑制光化学反应的发生,安俊琳等(2009)研究发现相对湿度大于 60% 时,北京市光化学反应强度随相对湿度增大而减小;对云南(吉正元 等,2018)、西藏(尼霞次仁 等,2019)、香港(赵伟 等,2019)等的研究表明,相对湿度与城市 O_3 浓度有显著负相关关系。另一方面,相对湿度偏大往往预示着有可能出现降水天气,增大城市中大气污染物的湿沉降,从而进一步降低 O_3 浓度(王玫 等,2019)。

风向和风速对 O_3 的作用主要体现在传输和消散方面。风速偏大时,有利于高污染排放地区污染物向外扩散(Ding et al.,2013)。在 O_3 及其前体物输送过程中,风向在一定程度上影响着污染物的传输,特别是高污染地区风向下游地区,污染物的外源输送会加大区域 O_3 浓度变化(Wang et al.,2017a)。

1.3.2 气候变化对城市臭氧污染浓度的影响

自工业革命以来,人为活动加剧,导致以 CO_2 为主的温室气体排放呈现快速上升趋势,全球气候正经历着以变暖为主要特征的变化(Forster et al.,2007)。气候变化可以通过改变地面气温和湿度影响 O_3 及其前体物的自然排放;通过改变边界层高度和天气系统出现频率,影响大气污染物的垂直混合和水平扩散;通过改变大气环流形势,从而改变污染物的传输方式(孙家仁 等,2011)。我国区域的气温变化与全球变暖的趋势相一致,地面气温近百年来增幅达到了 0.5~0.8 ℃(丁一汇 等,2006),略高于全球同期水平。有研究表明,北气旋活动在北半球表现为中纬度地区明显减少,高纬度地区有增加的变化趋势(王新敏 等,2007)。此外,在全球变暖的背景下,近几十年我国降水日数有减少的变化趋势(张丽亚 等,2014),同时地面风速减弱(江滢 等,2010)。由此推测,我国区域气温升高、温带气旋生成频次降低、雨日减少和风速减弱等气候条件的变化,都可能会促进城市 O_3 污染的加剧(孙家仁 等,2011)。另外,我国城市开展 O_3 浓度实况监测的时间相对较短,没有积累较长序列的实测数据,因此,在开展气候变化对 O_3 浓度影响方面的研究还处于开始阶段,相关的研究主要是基于模式模拟来进行。Wang 等(2013)利用全球化学传输模式(GEOS-Chem),基于联合国政府间气候变化专门委员会(Intergovernmental Panel on Climate Change,IPCC)的 AIB 方案的排放情形下,模拟了 2000—2050 年全球气候变化特征,发现气候变化会使得我国东部夏季 O_3 变化对人为排放更加敏感。Xie 等(2017)的研究也表明,气候变化会促进我国东部地区 O_3 浓度增加,特别是 O_3 浓度对 NO_x 的排放更加敏感。

1.3.3 前体物对城市臭氧污染浓度的影响

O_3 浓度的高低很大程度上取决于 NO_x 和 VOC_s 在太阳紫外辐射下的光化学反应(Fu et al.,2019)。没有 VOC_s 的参与,NO_2、NO、O_3 的光解循环是一个零循环,不会产生高浓度的 O_3;而 VOC_s 加入后,因其比 O_3 具有更强的氧化性而优先与 NO 发生反应,从而导致 O_3 累积(Solomon et al.,2000)。NO_x 和 VOC_s 是城市 O_3 污染的重要原因之一。

NO_x 和 VOC_s 来源主要有自然源和人为源两个部分。NO_x 的自然源有土壤和闪电(Fu et al.,2019),VOC_s 的自然源主要为植物排放(程麟钧 等,2017)。VOC_s 的人为源主要为机动车尾气排放、油品挥发、溶剂使用、生物质燃烧和煤炭燃烧等(段玉森 等,2011),而 NO_x 的人为源主要有发电厂、工业、运输业等(刘楚薇 等,2020)。研究表明,我国不同城市的 O_3 浓度对 NO_x 和 VOC_s 的敏感性不同,超大城市的 O_3 几乎都是 VOC_s 控制区(耿福海 等,2012),消减 NO_x 有可能反而会增大 O_3 浓度;而大部分城市则受 NO_x 控制(Guo et al.,2019),我国东部部分城市为混合敏感区(Wang et al.,2019),在控制 O_3 污染方面,单纯的减排 NO_x 或者 VOC_s 都不能取得很好的效果,因此,研究前体物的浓度特征和源解析对解决这一问题具有很大的指导意义。

VOC_s 不仅种类繁多,而且化学性质也各不相同。南京北郊夏季 VOC_s 含量最高的是烷烃,其次是烯烃和芳烃,主要来自机动车尾气、燃料挥发、工业排放、有机溶剂挥发和植物排放源(杨辉 等,2013)。蔡长杰等(2010)利用 PCA/APCS 受体模型对上海中心城区 VOC_s 来源进行了分析,发现 VOC_s 主要为烷烃、烯烃和芳香烃,交通工具尾气排放是主要来源之一。李斌等(2018)研究了北京市春季、夏季 VOC_s 种类和源解析,表明 VOC_s 主要为烷烃、烯烃、芳香烃、卤代烃和含氧烃,主要来源于燃料挥发、汽车尾气排放、溶剂挥发、单一的溶剂使用、工业排放和干洗6种污染源。此外,还有很多不同城市的VOC_s成分分析和源解析结果(曹京昊 等,2017;张翼翔 等,2019)。总体而言,我国VOC_s源解析问题的研究还不够深入,有待于专家学者的继续探究。

此外,NO_x和VOC_s在光化学反应中不仅引发自由基反应生成O_3,同时也氧化二氧化硫等形成二次颗粒物污染。我国城市群区域普遍存在O_3和二次颗粒物的复合污染。Li等(2019)研究表明,$PM_{2.5}$污染浓度下降后主要通过减少对HO_2自由基的摄取作用导致我国东部城市群区域O_3浓度的升高。

1.4 结论与展望

(1)对于城市O_3污染来源问题,研究认为大部分主要是由NO_x和VOC_s前体物经过一系列复杂光化学反应生成,同时少部分来自平流层的向下传输,然而定量化解释其来源问题还不清楚,特别是大范围O_3污染过程中平流层输送的贡献以及有利于垂直传输的天气形势特征等都还有待于进一步研究,这方面的内容已成为研究O_3污染的一个热点问题。

(2)针对O_3前体物的研究大多围绕NO_x和VOC_s展开,事实上光化学反应过程是非常复杂的,相关化学反应机理有待进一步深入研究。自由基化学等研究正成为环境科学领域的热点和前沿,对提升O_3等源解析和污染防控能力具有重要意义。

(3)近几年我国城市O_3浓度有明显上升趋势,特别是京津冀、长三角和珠三角等经济高度发达地区,O_3污染更为严重,此外,西部地区部分工业城市O_3污染问题也令人担忧。研究多数仅针对污染严重地区进行,而在污染相对较轻地区的O_3来源、有利天气形势、外源输送特征等机理问题尚未得到系统研究,今后应加强这方面的分析,对区域性O_3污染的联防联控政策制定都有很大帮助。

(4)气象条件的变化会显著影响城市O_3浓度变化。一般而言,较高的气温、偏低的相对湿度、较低的风速配合适宜的风向易造成O_3浓度升高。这方面的研究目前多局限于气象因子与O_3浓度的相关分析,而定量化地给出每一种气象因子变化对光化学速率的影响研究还不多见,今后应加大这方面的研究力度。

(5)气候变化可以通过改变气温、湿度、大气环流、风向和风速等气象条件影响O_3及其前体物的自然排放及传输。受O_3观测资料年限的制约,这方面的研究多采用数值模式来开展。今后的研究重点应改进反演方法,从而获得比较可靠的长时间序列O_3浓度资料,可以从时间和空间分布上讨论气候变化与O_3浓度的统计关系,尽可能探究诸如气候变化影响O_3的关键区域、典型时间段等问题。

(6)O_3及其前体物的监测是今后环境空气污染监测的重要方向,在监测方法、评价标准、技术规范、量值溯源和质量控制方面还不够系统完善,准确高效的监测仪器设备的开发研制也相对滞后,今后应着重加强卫星遥感技术、激光雷达技术、地理信息系统等技术手段的研究开发,为 O_3 污染控制提供基础支撑。

(7) O_3 与 $PM_{2.5}$ 的协同减排是今后很长一段时间控制大气污染的关键。O_3 与 $PM_{2.5}$ 的相互作用机制还存在很多争议,未来应深入研究大气光化学反应新机制,加强颗粒物辐射特性与 O_3 生成的关系研究,为 O_3 与 $PM_{2.5}$ 的协同控制提供科学依据。

第 2 章 资料与研究方法

2.1 资料来源

2.1.1 环境与气象数据

海南省生态环境厅实时对外发布 18 个市(县)共计 32 个空气质量监测站信息 (http://kq.hnsthb.gov.cn:8088/EQGIS/),站点分布如图 2.1 所示。监测的大气污染物要素包括 SO_2、NO_2、O_3、CO、PM_{10} 和 $PM_{2.5}$,其中,O_3、SO_2、NO_2 采用瑞典某公司的长光程仪器,PM_{10}、$PM_{2.5}$、CO 分别采用美国某公司点式 5030、FH62C14 和 48i 型监测仪器自动监测。考虑到各个市(县)自动监测仪器安装的开始时间不同,而 2015 年之后资料才较为完整,因此,在研究海南省 O_3 浓度时空分布特征时,选取了 2015—2018 年逐时 O_3 浓度资料进行分析。而海口市和三亚市的分析年份分别从 2013 年和 2014 年开始。此外,同期的气象资料来自海南省气象局信息中心,要素包括平均气温、年降水量、年降水日数、年日照时数、相对湿度和平均风速等。本研究所用资料均不包括三沙市,特此说明。

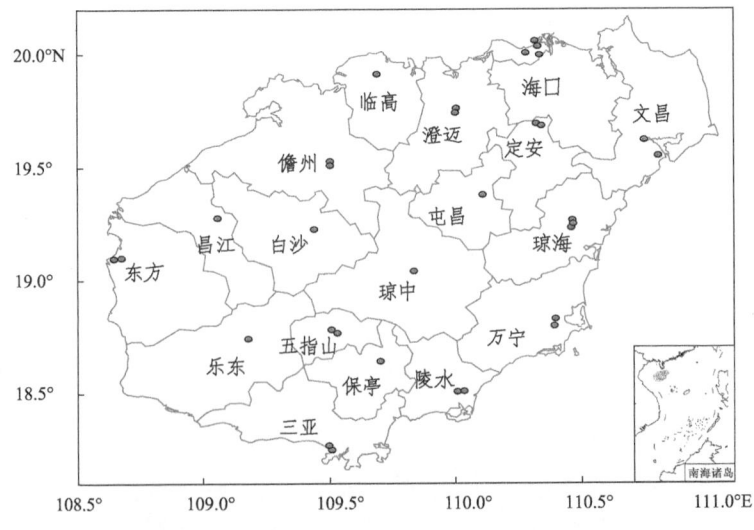

图 2.1 海南省 32 个空气质量监测站点分布

2.1.2 臭氧层观测仪卫星资料

地球观测卫星由美国宇航局(National Aeronautics and Space Administration, NASA)2004年7月15号成功发射,与陆地卫星及水卫星等一起组成地球观测卫星系列,它是第三颗也是最后一颗地球观测体系的主要卫星。臭氧层观测仪(Ozone Monitoring Instrument, OMI),是由荷兰航空局和芬兰气象所提供,由两家荷兰公司以及三家芬兰公司共同制造。OMI传感器测量地球大气和表面的后向散射辐射,传感器波长范围为270~500 nm,波谱分辨率为0.5 nm,是继欧洲空间局的GOME和SCIAMACHY的另一个臭氧观测仪器。它引入高分辨率的光谱来反演痕量气体,星下点空间分辨率可达24 km×13 km,覆盖全球只需1 d时间。NO_2数据资料名称为OMI OMNO$_2$,包含总NO_2柱浓度(TotNO$_2$)和对流层NO_2柱浓度(TroNO$_2$),数据的不确定性为15%(Celarier et al., 2008)。数据资料的时间跨度是2004年10月至2015年2月。总的来看,与其他探测器相比,OMI具有较高的空间分辨率和更低的监测干扰,而且海南省纬度较低,离星下点较近,资料的可靠性更高。NO_2柱浓度的反演运算法则详见文献(张兴赢 等,2007;肖钟湧 等,2011a;赵阳 等,2011;李令军 等,2011)。总NO_2柱浓度只提供0.25°×0.25°的分辨率资料,而对流层NO_2柱浓度资料的分辨率可达0.125°×0.125°。

此外,本研究还用到了ECMWF ERA-Interim资料,包括850 hPa的风场和高度场,分辨率为0.25°×0.25°。HYSPLIT轨迹模型中使用的气象资料为美国国家环境预报中心(National Centers for Environmental Prediction, NCEP)提供的FNL资料,时间分辨率为1 d 4次,分别为00:00、06:00、12:00、18:00(UTC,世界时),空间分辨率为1°×1°,高度层为23层,变量包括气温、气压、湿度、风场等。同时还有中分辨率成像光谱仪(Moderate-resolution Imaging Spectroradiometer, MODIS)反演的华南地区气溶胶光学厚度(Aerosol Optical Depth, AOD)资料(朱于红 等,2015),分辨率为0.1°×0.1°。2014年海口市空气质量指数(Air Quality Index, AQI)资料,还有2013年海南省各市(县)GDP总量和总人口、全省SO_2排放总量,以及海南省和海口市民用汽车拥有量等资料。

2.2 研究方法

2.2.1 Cressman客观分析方法

Cressman客观分析方法是基于Cressman客观分析函数,对有限区域内的猜测场进行逐步订正的方法,由于该方法差值结果与原始资料较为接近,误差较小(冯锦明 等,2004),已被广泛应用于各种数据分析和气候诊断中(符传博 等,2011;符传博 等,2013)。这种方法由Cressman在1959年提出,先给定第一猜测场,然后用实际观测场逐步修正第一猜测场,直到订正后的场逼近观测记录,具体公式如下:

$$\alpha' = \alpha_0 + \Delta\alpha_{ij} \tag{2.1}$$

其中
$$\Delta\alpha_{ij} = \frac{\sum_{k=1}^{K}(W_{ijk}^2 \Delta\alpha_k)}{\sum_{k=1}^{K} W_{ijk}} \tag{2.2}$$

式中,α 为任一观测要素,α_0 是变量 α 在格点(i,j)上的第一猜测值,α' 是变量 α 在格点(i,j)上的订正值;$\Delta\alpha_k$ 是观测点 k 上的观测值与第一猜测值之差;W_{ijk} 是权重因子,在0.0~1.0 变化;K 是影响半径 R 内的站点数。Cressman 客观分析方法最重要的是权重函数 W_{ijk} 的确定,它的一般形式为

$$W_{ijk} = \begin{cases} \dfrac{R^2 - d_{ijk}^2}{R^2 + d_{ijk}^2} & (d_{ijk} < R) \\ 0 & (d_{ijk} \geqslant R) \end{cases} \tag{2.3}$$

式中,影响半径 R 的选取具有一定的人为因素,一般取常数。R 选取的原则是由近及远进行扫描,常用的影响半径是 1,2,4,7 和 10。d_{ijk} 是格点(i,j)到观测点 k 的距离。本研究首先根据《环境空气质量标准》中的规定,计算出各个站点 O_3 浓度的 8 h 滑动平均最大值(O_3-8 h),再算出各个市(县)所有站点的 O_3-8 h 算术平均值,最后利用 Cressman 插值方法进行空间插值。

2.2.2 气候倾向率

气候倾向率采用式(2.4)进行计算。其中 y 表示样本数为 n 的某一物理量,x 表示 y 所对应的时间样本个数,x 与 y 之间的一元线性回归方程如式(2.4)所示:

$$y_i = a + bx_i \quad (i=1,2,\cdots,n) \tag{2.4}$$

式中,a 为回归常数;b 为回归系数。当 $b>0$ 时,说明 y 随 x 增加而增加;$b<0$ 时,说明 y 随 x 增加而减小。b 值可表示物理量 y 上升或下降的倾向率,即为气候倾向率,其显著性可以通过 t 检验进行判断。

2.2.3 气候趋势系数

为分析海南省 O_3 浓度和其他要素定量的变化程度,并可对其进行统计检验,本文利用施能等(1995;2003)的研究,计算了气候趋势系数 r_{xt}。该趋势系数定义为 n 个时刻(年)的要素序列与自然数列 1,2,…,n 的相关系数:

$$r_{xt} = \frac{\sum_{i=1}^{n}(x_i - \bar{x})(i - \bar{t})}{\sqrt{\sum_{i=1}^{n}(x_i - \bar{x})^2 \sum_{i=1}^{n}(i - \bar{t})^2}} \tag{2.5}$$

式中,n 为年数,x_i 为第 i 年要素值,$\bar{x}$ 为样本平均值,$\bar{t}=(n+1)/2$。显然,这个值为正(负)时,表示该要素在所计算的 n 年内有线性增(降)的趋势。$r_{xt}\sqrt{n-2}/\sqrt{1-r_{xt}^2}$ 符合自由度 $n-2$ 的 t 分布,从而检验这种气候趋势是否有物理意义,还是一种随机

振动。

2.2.4 HYSPLIT 轨迹模型及聚类分析

HYSPLIT 模型是由美国国家海洋和大气管理局(National Oceanic and Atmospheric Administration, NOAA)与空气资源实验室(Air Resources Laboratory, ARL)联合研发的一种用于计算和分析大气污染物输送、扩散轨迹的专业模型(Draxler et al., 2012)。该模型具有处理多种气象要素输入场、多种物理过程和不同类型污染物排放源功能的较为完整的输送、扩散和沉降模式,已经被广泛地应用于环境大气污染输送的研究中(Wang et al., 2010; Wang et al., 2011)。HYSPLIT 模型所用数据主要来源于 NCEP,数据齐全并不断更新,准确度也相对提高,可以在线或单机使用。本研究采用其最新版本(版本号为 4.9)来分析海南省大气污染物的源地问题。聚类分析是一种多元统计技术,并且广泛应用于空气污染研究中。该方法主要是对大量数据进行分类,根据气团移动速度和方向对大量轨迹进行分组,并得出不同的输送轨迹组,从而估计大气污染物的潜在源区(石春娥 等,2008)。分类的原则是组内各轨迹之间差异极小,而组间差异极大(Dorling et al., 1992)。

2.2.5 潜在源贡献因子算法

潜在源贡献因子算法(Potential Source Contribution Function, PSCF)又被称为滞留时间分析法(Ferhat et al., 2009),是一种基于气流轨迹来判断某一地区可能污染源的识别方法。该研究将海口市气流轨迹所覆盖的区域(90°～130°E,5°～40°N)进行网格化,分成 0.5°×0.5°的水平网格(i, j),计算所有气流轨迹经过某一网格的点数(n_{ij})和污染时段的气流轨迹经过该网格的点数(m_{ij}),而 PSCF 则表示为

$$PSCF_{ij} = m_{ij}/n_{ij} \tag{2.6}$$

式中,$PSCF_{ij}$ 为某网格点的 PSCF,PSCF 越大,则表示该区域对海口市 AQI 值超标的贡献越大。PSCF 表示的是一种条件概率,前人的研究多引入 W_{ij} 来降低由于单个网格内气流停留时间较短而引起 PSCF 的波动。W_{ij} 规定如下:

$$W_{ij} = \begin{cases} 1.00 & (80 < n_{ij}) \\ 0.70 & (20 < n_{ij} \leqslant 80) \\ 0.42 & (10 < n_{ij} \leqslant 20) \\ 0.05 & (n_{ij} \leqslant 10) \end{cases} \tag{2.7}$$

因此,加入权重后的 PSCF 可表示为

$$WPSCF_{ij} = W_{ij} \times PSCF_{ij} \tag{2.8}$$

式中,$WPSCF_{ij}$ 为某网格点的 WPSCF。

2.2.6 权重轨迹分析法

进一步利用权重轨迹分析法(Concentration Weighted-Trajectory Method, CWT)来计算气流轨迹的污染权重浓度,该方法可以区分相同 PSCF 时对受点 AQI

大小的贡献,即网格内 AQI 高出阈值的程度(李莉 等,2015;肖钟勇 等,2011b),计算公式:

$$C_{ij} = \frac{\sum_{l=1}^{M} C_l \times \tau_{ijl}}{\sum_{l=1}^{M} \tau_{ijl}} \times W(n_{ij}) \tag{2.9}$$

式中,C_{ij} 为网格 (i,j) 的污染权重指数,l 为第 l 条轨迹,M 为与网格 (i,j) 相交的轨迹总数,C_l 为轨迹 l 与网格 (i,j) 相交时受点的 AQI,τ_{ijl} 为轨迹 l 在网格 (i,j) 的停留时间。该研究采用与 PSCF 分析法相同的权重函数 $W(n_{ij})$。

第 3 章　海南省臭氧浓度时空分布特征

近些年来,随着经济的发展和城市化进程的加快,全国各地以臭氧、大气颗粒物等为首要污染物的污染事件频繁发生,这不仅对交通、旅游等行业造成不利影响,更引起人们对身体健康的忧虑。我国学者从 21 世纪初开始系统地研究大气污染问题(吴兑,2003),从观测识别(赵普生 等,2011;樊高峰 等,2017)、时空分布(符传博 等,2014;徐祥德 等,2015)、气候特征(廖晓农 等,2014)、成因分析(洪也 等,2015)以及数值模拟(侯梦玲 等,2017)、气溶胶特性(陈秋方 等,2014)等方面做了大量的工作。其中关于我国霾污染的长期变化方面结果较为一致,即我国大部分地区霾现象呈现较快的上升趋势,并伴随着大气能见度的下降。尤以经济较为发达京津冀、四川盆地、珠三角和长三角等地区更为明显(孙彧 等,2013)。国务院在 2013 年发布《大气污染防治行动计划》(国发〔2013〕37 号),根据此号文件的要求,全国各级政府针对当地的实际情况,纷纷制定了各种大气污染防治条例或空气清洁计划等,海南省政府分别制定和发布了《海南省大气污染防治行动计划实施细则》(琼府〔2014〕7 号)和《海南省大气污染防治实施方案》(琼府〔2016〕23 号)。2017 年 10 月,海南地区发生了一次以臭氧为主要污染物的重度污染过程,时任海南省委书记的刘赐贵同志两度在重要气象信息专报和生态环境保护要报上做了重要批示。海南省空气质量前景令人担忧,大气污染防治迫在眉睫。

海南省作为中国唯一的热带海岛旅游省份,其城市环境空气质量对海南国际旅游岛、中国(海南)自由贸易试验区(港)的形象有举足轻重的作用。近年来,开展了关于海南省城市空气污染方面的研究,苏超(2016)分析了 2010—2015 年海口市污染物浓度变化特征及其影响因素,发现海口市 O_3 浓度有上升的趋势。徐文帅等(2017)统计了 2013—2015 年海口市 O_3 污染的天气形势,表明台风外围型和北方冷高压底部型是造成海口市 O_3 超标的两类典型天气形势。赵蕾等(2019)的研究发现,海口市 O_3 污染可能与外源输送有关。前人的研究主要集中于单个城市或污染个例分析,均没有涉及海南全省尺度的 O_3 浓度时空分布和演变规律等方面的研究。

本章基于 2015—2018 年海南省 18 个市(县)32 个监测站 O_3 浓度和同期气象观测资料,利用 Cressman 客观分析等多种统计方法,摸清海南省 O_3 浓度水平及变化趋势,以期为当地政府制定切实可行的环境管理政策和气象与环保部门的预报服务工作等提出理论依据。资料与研究方法更为具体的介绍可参考第 2 章相关内容。

3.1 海南省年平均臭氧浓度空间分布

基于 Cressman 插值法的 2015—2018 年海南省年平均 $O_3-8\ h$ 浓度空间分布如图 3.1 所示,$O_3-8\ h$ 浓度呈西部、北部和东部沿海高,中部山区和南部沿海低的分布特征。$O_3-8\ h$ 浓度超过 80 $\mu g \cdot m^{-3}$ 的市(县)有东方市和文昌市,其中东方市高达 97.9 $\mu g \cdot m^{-3}$,为全省最高。超过 70 $\mu g \cdot m^{-3}$ 的市(县)还有临高县、儋州市、海口市、昌江县、乐东县、三亚市和万宁市,而北部内陆、中部山区和东南沿海的定安县、琼中县和陵水县 $O_3-8\ h$ 浓度在 65 $\mu g \cdot m^{-3}$ 以下,其中陵水县 $O_3-8\ h$ 浓度只为 61.2 $\mu g \cdot m^{-3}$,为全省最低。$O_3-8\ h$ 浓度空间分布主要受 O_3 前体物排放、气象条件、植被覆盖等影响因子控制。一般而言,经济越发达的市(县),工业化程度越高,其大气污染程度越严重(符传博 等,2014)。海南省沿海市(县)经济发展快速,人口密度高,汽车保有量多,开发建设活动大,$O_3-8\ h$ 浓度有较大分布;中部市(县)植被覆盖率较高,绿化覆盖面积大,气候条件较好,汽车保有量少,人为建设活动小,能够更好的对污染物进行调控,致使 $O_3-8\ h$ 浓度分布较低。

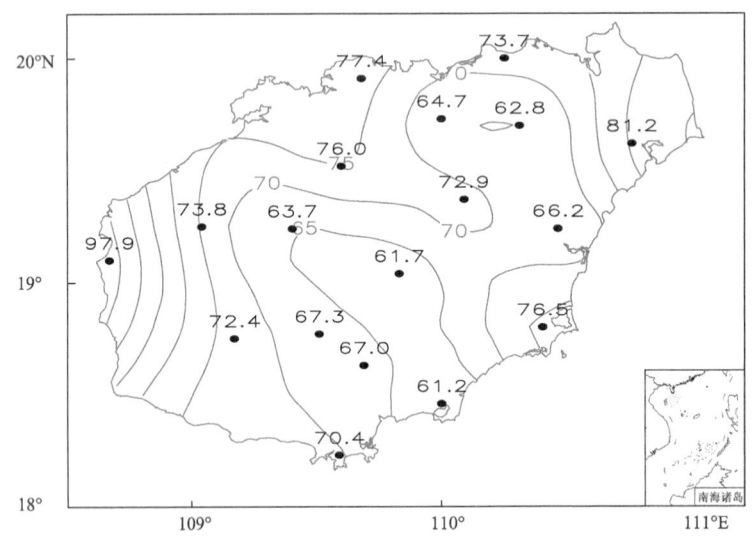

图 3.1 2015—2018 年海南省年平均 $O_3-8\ h$ 浓度空间分布(单位:$\mu g \cdot m^{-3}$)

海南省 $O_3-8\ h$ 浓度空间分布呈西部、北部和东部沿海高,中部山区和南部沿海低的分布特征,与海南省各市(县)的工业化差异、气象条件、植被覆盖、污染物的输送与扩散差异等影响因子有很好的相关关系。西部的东方市 $O_3-8\ h$ 浓度最高,为 97.9 $\mu g \cdot m^{-3}$。此外,沿海地区易出现因海洋和陆地受热不均匀产生的海陆风,海陆风可能也会造成沿海地区 O_3 浓度偏高的原因之一(何礼 等,2019)。一方面,来自冷水面上的海风会造成对气流垂直运动的抑制,甚至出现低空逆温,抑制城市大气污染物的输送和扩散(Stauffer et al.,2015),这也是沿海城市大气污染事件发生的关键;另一方面,夜间海风还会将污染物输送回内陆地区,致使污染物浓度持续偏高(吴蒙 等,2016)。国内有关海陆风对污染物的影响研究大多集中在上海(束炯 等,1987;何礼 等,2019)、广州(李明华 等,2007)、香港(佟华 等,2004)、环渤海地区(邱晓暖 等,2013)等,而且主要针对$PM_{2.5}$、PM_{10}等气溶胶污染物,涉及O_3的研究较少,海南省的相关工作还有待于进一步研究。

3.2 海南省四季臭氧浓度空间分布

图3.2给出了海南省四季$O_3-8\ h$浓度空间分布。可以表明,$O_3-8\ h$浓度有明显的季节变化特征。

春季海南省$O_3-8\ h$浓度高值区主要分布在西北地区,而东南半部$O_3-8\ h$浓度明显偏低。临高县、儋州市、昌江县和东方市都超过了$80\ \mu g \cdot m^{-3}$,其中最大值出现在东方市,为$102.8\ \mu g \cdot m^{-3}$。定安县、琼海市、琼中县、保亭县、陵水县和三亚市$O_3-8\ h$浓度均在$70\ \mu g \cdot m^{-3}$以下。春季影响海南省的冷空气强度明显偏弱,降水偏少,西北部地区气温偏高,湿度较低,光化学反应比较强烈,因此春季西北地区的市(县)$O_3-8\ h$浓度显著偏高。

夏季海南省$O_3-8\ h$浓度总体明显偏低,大部分市(县)在$70\ \mu g \cdot m^{-3}$以下,特别是中部山区的琼中县,低至$42\ \mu g \cdot m^{-3}$。只有沿海地区的东方市、文昌市和万宁市$O_3-8\ h$浓度超过$70\ \mu g \cdot m^{-3}$,但是较春季也有明显的下降。夏季是海南省最主要的降水季节,受降水影响,湿度会明显偏高,加上降水的冲刷作用,不利于光化学反应的发生。另外,夏季海南省主要受东亚夏季风影响,来自海洋的清洁气团稀释着海南大气中的污染物,O_3浓度降低。

秋季海南省$O_3-8\ h$浓度较夏季有了显著的上升,特别是北部的海口市、临高县、澄迈县、文昌市和西部的东方市、昌江县、儋州市和乐东县,$O_3-8\ h$浓度均在$75\ \mu g \cdot m^{-3}$以上,其中东方市达到了$103.8\ \mu g \cdot m^{-3}$,文昌市也达到了$90.7\ \mu g \cdot m^{-3}$。而中部、东部和南部的市(县)$O_3-8\ h$浓度偏低,基本在$60\sim75\ \mu g \cdot m^{-3}$。秋季北方冷空气活动开始活跃,海南省容易受内陆大陆性气团影响,外源污染物输送作用增强。加上秋季海南省气温整体不低,湿度偏小,光化学反应十分剧烈,$O_3-8\ h$浓度显著偏高。

冬季是海南省$O_3-8\ h$浓度最高的季节,大部分市(县)均在$75\ \mu g \cdot m^{-3}$以上,其中东方市为$103.5\ \mu g \cdot m^{-3}$。与秋季相比,冬季北部市(县)$O_3-8\ h$浓度略有下降,但是中部、东部和南部的市(县)却明显上升,这可能与冬季冷空气强度偏强,五指山以南地区也容易受北方污染物的外源输送影响有关。冬季北部市(县)由于气温偏低,光化学反应偏弱,因而$O_3-8\ h$浓度有所下降。秋季冷空气受五指山山脉阻挡,外源输送影响偏弱,南半部市(县)$O_3-8\ h$浓度偏低。此外,近年来到海南过冬的"候鸟老人"急剧增多(黎莉 等,2015),必然造成能源的进一步消耗,大气污染物排放增多。

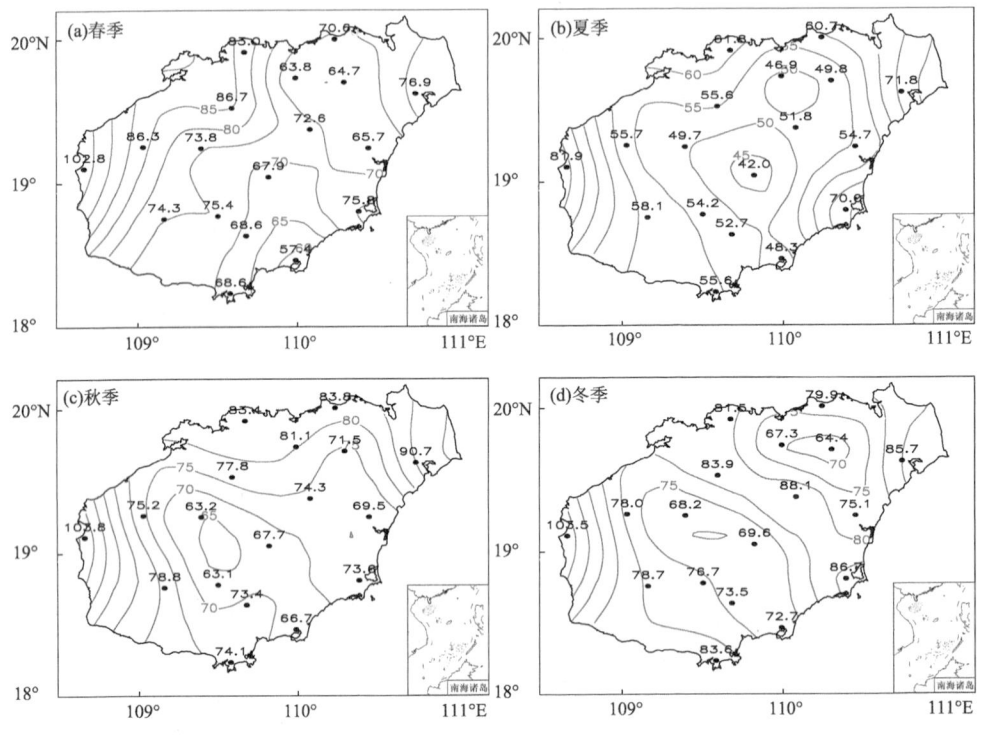

图3.2 海南省四季$O_3-8\ h$浓度空间分布(单位:$\mu g \cdot m^{-3}$)

四季$O_3-8\ h$浓度的空间分布与年平均基本一致,季节变化特征明显。受降水、气温和湿度等气象条件影响,夏季海南省各个市(县)$O_3-8\ h$浓度普遍偏低,而其余三季均有不同程度的升高。

3.3 海南省年平均臭氧浓度年际变化

图3.3为2015—2018年海南省$O_3-8\ h$浓度空间分布。整体上看,4年海南省$O_3-8\ h$浓度的空间分布基本一致,均表现为四周沿海市(县)$O_3-8\ h$浓度高于中间山区,这可能是由于海南省各个市(县)的工业化水平、气象条件,植被覆盖和污染物的输送与扩散等差异所致(符传博 等,2016a;2016b)。从年际变化上看,2015年是4年$O_3-8\ h$浓度最高的一年,超过80 $\mu g \cdot m^{-3}$的市(县)有西部的东方市、昌江县、乐东县、临高县,以及东部的琼海市和万宁市,其中东方市最高,为98.4 $\mu g \cdot m^{-3}$。2016年$O_3-8\ h$浓度总体有下降的趋势,西部的昌江县、乐东县、临高县等均下降至

72 μg·m^{-3}以下,东方市O$_3$—8 h浓度较2015年变化不大。另外,东部的万宁市和琼海市,中部的琼中县、五指山市也有不同程度的下降。2017年北部和西部的市(县)O$_3$—8 h浓度有所上升,海口市和文昌市超过了80 μg·m^{-3},东方市也达到了4年的最高值,为107.3 μg·m^{-3}。其余市(县)O$_3$—8 h浓度较2016年变化不大。2018年O$_3$—8 h浓度超过80 μg·m^{-3}的市(县)有东方市、临高县、澄迈县和文昌市,其中文昌市达到了90.6 μg·m^{-3},超过了东方市,为2018年O$_3$—8 h浓度最高的市(县)。东部的琼海市,中部的琼中县,南部的陵水县和乐东县O$_3$—8 h浓度低于60 μg·m^{-3}。4年全省平均O$_3$—8 h浓度从大到小排列为2015年>2018年>2016年>2017年。

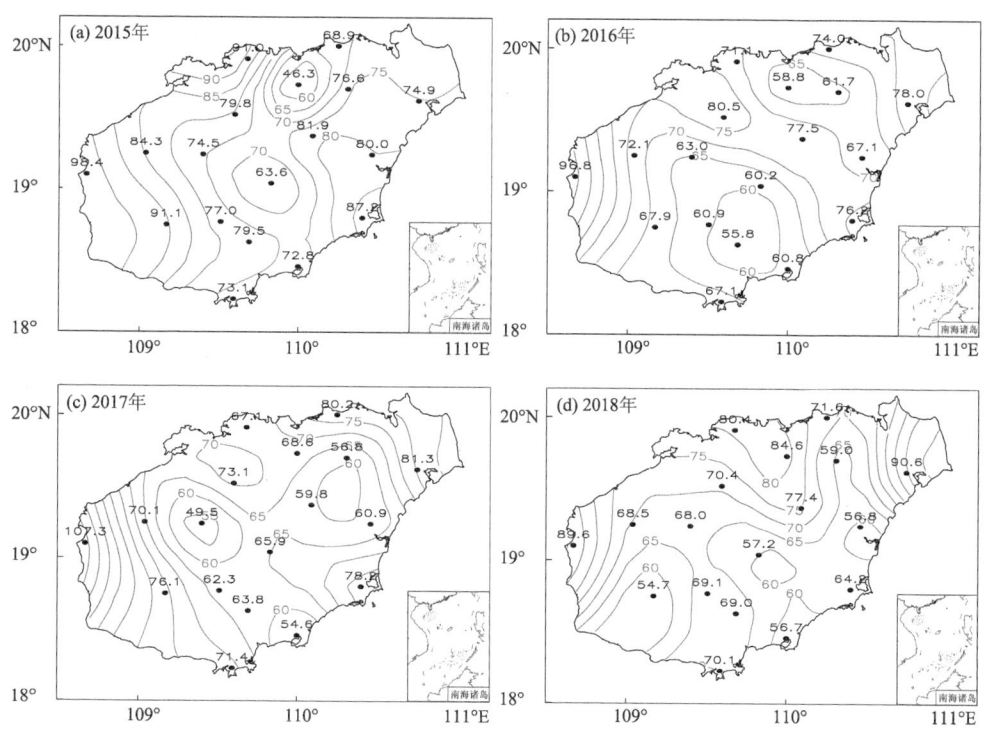

图3.3 2015—2018年海南省O$_3$—8 h浓度空间分布(单位:μg·m^{-3})

O$_3$浓度的变化会受气象因子的显著影响。表3.1为2015—2018年海南省O$_3$—8 h浓度和气象要素对比。可以看出,海南省O$_3$—8 h浓度与年平均气温、年日照时数和平均风速呈明显的正相关关系,相关系数分别为0.915,0.984和0.799。与年降水量、年降水日数和相对湿度呈明显的反相关关系,相关系数分别为-0.958,-0.983和-0.933。2015年O$_3$—8 h浓度(77.77 μg·m^{-3})是4年的最高值,年平均气温、年日照时数和平均风速都达到了4年的最大值,分别为25.24 ℃、2273.19 h

和 2.08 m·s^{-1},年降水量、年降水日数和相对湿度为 4 年的最小值,分别为 1276.48 mm、123.89 d 和 81.11%。2016—2018 年 O$_3$-8 h 浓度变化不大,约为 69 μg·m^{-3},而相关气象要素也较为相近,这也说明海南省 O$_3$-8 h 浓度受气象因子的显著影响。

年际变化的分析表明,O$_3$-8 h 浓度受气象因子影响显著。O$_3$-8 h 浓度与年平均气温、年日照时数和平均风速呈正相关关系,与年降水量、年降水日数和相对湿度呈反相关关系。4 年中 2015 年 O$_3$-8 h 浓度是最高的一年,平均 O$_3$-8 h 浓度为 77.77 μg·m^{-3},其中年平均气温、年日照时数和平均风速明显偏多于其余 3 年,年降水量、年降水日数和相对湿度显著偏少于其余 3 年。4 年全省平均 O$_3$-8 h 浓度从大到小排列为 2015 年＞2018 年＞2016 年＞2017 年。

表 3.1　2015—2018 年海南省 O$_3$-8 h 浓度和气象要素对比

年份	O$_3$-8 h 浓度 (μg·m^{-3})	年平均气温(℃)	年降水量 (mm)	年降水日数(d)	年日照时数(h)	相对湿度 (%)	平均风速 (m·s^{-1})
2015	77.77	25.24	1276.48	123.89	2273.19	81.11	2.08
2016	69.40	24.66	1960.94	156.67	1951.89	82.72	2.00
2017	69.22	24.66	1883.96	164.67	1869.13	83.67	1.98
2018	69.88	24.93	2076.64	155.11	1953.82	82.83	1.91

3.4　海南省四季臭氧浓度日变化

图 3.4 为海南省四季 O$_3$ 浓度日变化。可以看出,四季 O$_3$ 浓度均表现为单峰型的变化特征,高值出现在 15:00—18:00。O$_3$ 是一种二次污染物,其光化学反应过程受温度、光照、太阳辐射等因子的强烈影响(张春辉 等,2019)。夜间由于没有太阳辐射和光照,气温较低,光化学反应弱,因而 O$_3$ 浓度较低,基本分布在 60 μg·m^{-3} 以下。08:00 之后,随着太阳辐射的增强和气温的升高,光化学反应剧烈,O$_3$ 生成大于消耗,O$_3$ 浓度开始积累升高,并在 15:00—18:00 达到峰值,之后随着太阳辐射和气温的降低,O$_3$ 浓度也稳定下降。从不同季节上看,春季和秋季 O$_3$ 浓度的日变化幅度要大于夏季和冬季,这可能与这两个季节气温日较差较大有关。从峰值出现时段来看,夏季峰值出现最早,分布在 13:00—15:00,冬季最晚,为 16:00—18:00,春季和秋季介于两者之间。夏季气温随着太阳的升起上升较快,光化学反应也会偏早于其他季节,因而 O$_3$ 浓度达到峰值时段偏早。冬季由于气温总体偏低,光化学反应出现时间偏晚,因此,O$_3$ 浓度峰值的出现时间也偏晚 2~3 h。从平均峰值来看,O$_3$ 浓度由高到低的季节排列为冬季＞春季＞秋季＞夏季。从不同年份来看,2015 年四季 O$_3$ 浓度均超过了其余 3 年。2017 年夏季 O$_3$ 浓度峰值偏小于其余 3 年,但冬季 O$_3$ 浓度峰值超过了 2016 年和 2018 年,日变化差异较大。

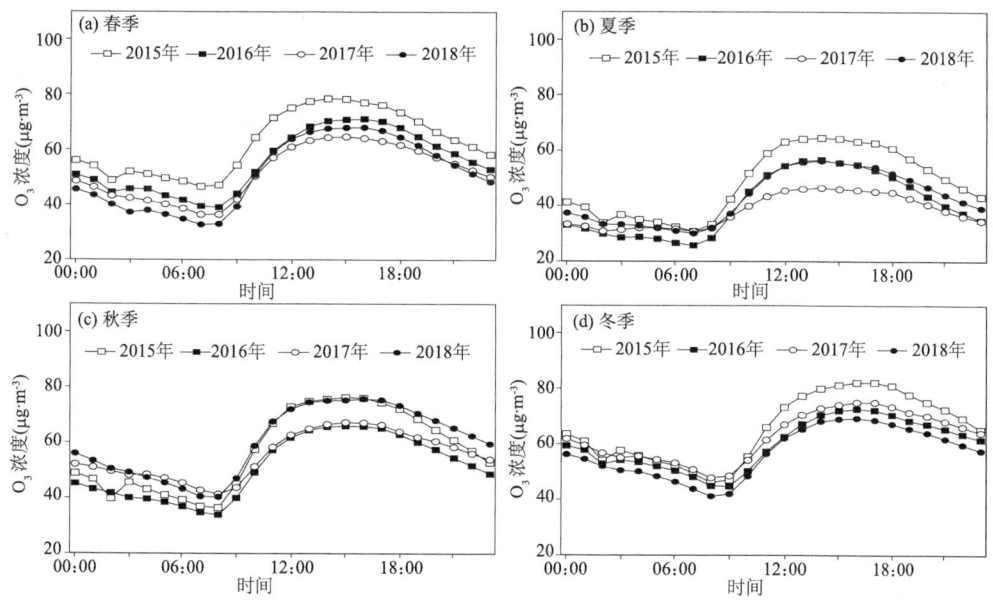

图 3.4 海南省四季 O_3 浓度日变化

日变化特征分析表明,海南省 O_3 浓度日变化呈现单峰型变化特征,高值主要出现在 15:00—18:00,其中夏季峰值出现最早,冬季最晚,春季和秋季介于两者之间。受气温日较差较大影响,春季和秋季 O_3 浓度的日变化幅度大于夏季和冬季。从平均峰值来看,O_3 浓度由高到低的季节排列为冬季>春季>秋季>夏季。

3.5 海南省臭氧浓度月变化

根据 2015—2018 年海南省 32 个空气质量监测站点的 O_3 监测数据,通过平均值处理,得到 4 年海南省 O_3-8h 浓度逐月变化(图 3.5)。O_3-8h 浓度的逐月变化呈现单峰单谷型特征,1—4 月 O_3-8h 浓度变化不大,分布在 80 $\mu g \cdot m^{-3}$ 附近,5 月之后快速下降,并在 7 月达到最低值,平均值为 54.27 $\mu g \cdot m^{-3}$。8—10 月上升迅速,10 月是全年 O_3-8h 浓度最高的月份,平均值为 91.04 $\mu g \cdot m^{-3}$。11 月和 12 月 O_3-8h 浓度也较高,维持在 75 $\mu g \cdot m^{-3}$ 附近。

从总体变化趋势上看,6—8 月 O_3-8h 浓度最低,此时海南省正属于夏季,尽管气温较高,但是夏季也是海南省最主要的降水季节,雨水的冲刷作用不利于 O_3 浓度的升高,同时较高的水汽条件能有效降低光化学反应,致使 O_3 浓度降低(徐锟 等,2018)。10 月海南省正属于秋季,北方冷空气开始活跃,从内陆地区南下的干冷气团携带了大量污染物影响着海南地区,湿度较低,加上海南省纬度偏低,此时温度还没有大幅度下降,光化学反应剧烈,$O_3-8\ h$ 浓度最高。从不同年份上看,2015 年 $O_3-8\ h$ 浓度总体比其余 3 年要高,这与前面的分析一致。另外,2015 年 $O_3-8\ h$ 浓度最高值出现在 1 月,与其余 3 年不同,还有待于进一步分析。

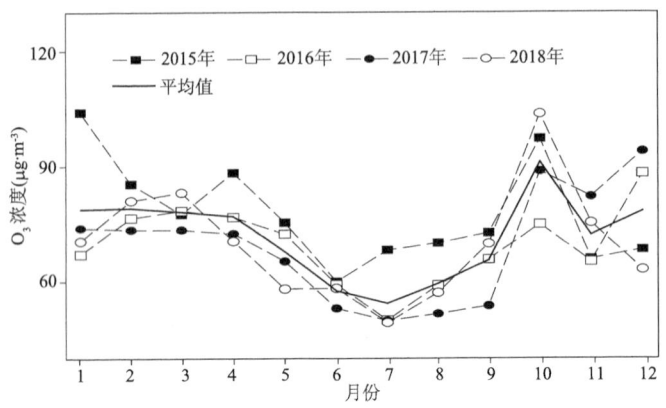

图 3.5　2015—2018 年海南省 $O_3-8\ h$ 浓度逐月变化

3.6　海南省区域性臭氧污染特征

为进一步研究海南省 O_3 污染的区域性特征,本节定义了海南省区域性 O_3 污染日,其概念为某日有 3 个及以上市(县)$O_3-8\ h$ 浓度超过 160 $\mu g \cdot m^{-3}$(国家环境空气质量标准二级浓度限值),则认为当日为海南省区域性 O_3 污染日。图 3.6 给出了 2015—2018 年海南省 $O_3-8\ h$ 浓度与区域性 O_3 污染日逐日变化。可以看出,海南省 $O_3-8\ h$ 浓度有明显的季节性变化特征,$O_3-8\ h$ 浓度超过 100 $\mu g \cdot m^{-3}$ 的时段主要出现在冬半年,夏半年 $O_3-8\ h$ 浓度明显偏低。从区域性污染天气上看,4 年共有 40 d 发生了区域性 O_3 污染,发生概率为 2.73%。其中 2015 年和 2017 年达到了 13 d(表 3.2),区域性 O_3 污染发生概率为 3.56%,2018 年也有 11 d(3.01%),2016 年最低,只为 3 d(0.82%)。值得关注的是,2017 年的区域性 O_3 污染日主要发生在 10 月,是一次持续性的污染过程,其内在机理还有待于进一步分析。另外,年平均 $O_3-8\ h$ 浓度超标市(县)数中,2017 年最多,为 7.38 个,超标率达 41%,这也说明 2017 年的区域性 O_3 污染强度最强,其主要成因可能与不同年份的气象条件差异有关。从单日 $O_3-8\ h$ 浓度超标市(县)最大值上看,2015 年达到了 13 个,2017 和 2018 年也分别达到了 12 个和 11 个,2016 年最少,为 9 个。

区域性 O_3 污染特征分析表明,4 年海南省共有 40 d 发生了区域性 O_3 污染,发生概率为 2.73%。2015 年和 2017 年达到了 13 d(3.56%),2018 年为 11 d(3.01%),2016 年最低,只为 3 d(0.82%)。2017 年的区域性 O_3 污染强度最强,年平均 $O_3-8\ h$ 浓度超标市(县)数达到 7.38 个,超标率为 41%。

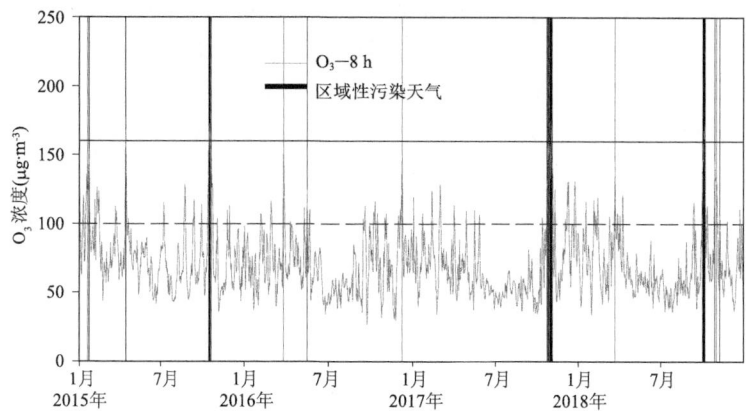

图 3.6　2015—2018 年海南省 O_3-8 h 浓度与区域性 O_3 污染日逐日变化

表 3.2　2015—2018 年海南省区域性 O_3 污染统计

年份	出现日数 (d)	平均 O_3-8 h 浓度 ($\mu g \cdot m^{-3}$)	O_3-8 h 浓度超标市(县)数(个)	单日 O_3-8 h 浓度超标市(县)最大值(个)
2015	13	153.33	7.15	13
2016	3	143.02	6.67	9
2017	13	149.95	7.38	12
2018	11	148.78	7.36	11
4 年平均	10	148.77	7.14	11.25

3.7　海南省一次典型区域性臭氧污染成因分析

2017 年 10 月海南省发生了一次以 O_3 为主要污染物的大气污染事件,其中多个市(县)出现轻度污染天气,两个市(县)达到了中度污染等级,其污染范围之广、强度之大在海南历史上尤为罕见,达到了 2013 年有观测资料以来的历史极值。因此,本节主要基于 HYSPLIT 后向轨迹模型,结合卫星反演数据、聚类分析方法、潜在源贡献因子分析(PSCF)和浓度权重轨迹分析(CWT)等资料和方法,对 2017 年 10 月海南省大气污染物演变特征、污染物潜在源区和输送路径等问题进行探讨。

3.7.1　2017 年 10 月海南省空气质量概况

图 3.7 为 2017 年 10 月海南省各市(县)月平均、污染时段平均以及 26 日 AQI 空间分布。可以看出,2017 年 10 月海南省有 13 个市(县)的 AQI 月平均值超过 50,达到良等级,其中北部和西部市(县)的 AQI 月平均值偏高;AQI 超过 70 的市(县)有 2 个,分别是东方市(76)和澄迈县(70),文昌市、海口市和儋州市的 AQI 也偏高,分

别为 64,57 和 57。从 2017 年 10 月 24 日开始,海口市的 AQI 开始超过 100,达到轻度污染等级,其中以 26 日污染最为严重。从污染时段(2017 年 10 月 24—31 日)AQI 平均值分布可以看出,海南省共有 8 个市(县)达到轻度污染等级,其余 10 个市(县)均在良等级。其中,北部澄迈县的 AQI 平均值达 130,为全省最高;西部东方市的 AQI 平均值为 129,为全省第二;达到轻度污染的市(县)还有海口市、临高县、文昌市、儋州市、琼中县和三亚市等。26 日海南省达到轻度污染及以上的市(县)为 9 个,其中,澄迈县和儋州市的 AQI 分别为 171 和 151,属中度污染等级,达到轻度污染等级的市(县)还有海口市、临高县、文昌市、东方市、琼中县、保亭县和三亚市,其余 9 个市(县)均在良等级。

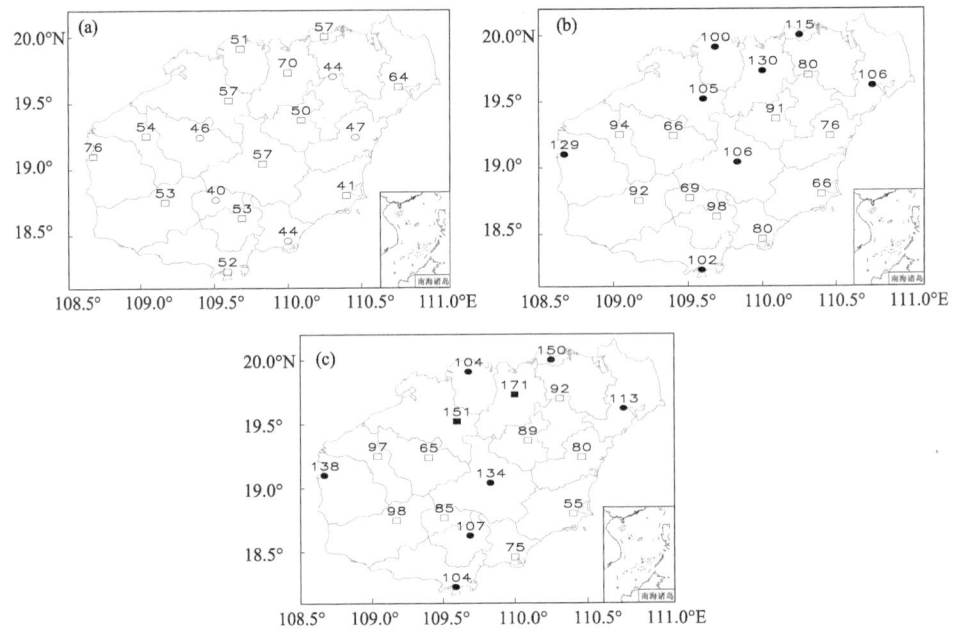

图 3.7　2017 年 10 月海南省各市(县)月平均(a)、污染时段平均(b)和 26 日(c)AQI 空间分布
(■中度污染,●轻度污染,□良,○优)

表 3.3 为 2017 年 10 月海南省 18 个市(县)的首要污染物统计。根据《环境空气质量指数技术规定》(环境保护部,2016),空气质量等级在良及以上才统计首要污染物。可以看出,2017 年 10 月海南省大部分市(县)有 10 d 以上的天数达到良及以上等级,其中≥15 d 的市(县)有海口市、文昌市、东方市和澄迈县,东方市达到全省最高的 19 d;首要污染物类型以 O_3 为主,有 9 个市(县)首要污染物为 O_3 的天数比例达到了 100%,其中包括污染较为严重的澄迈县、东方市、儋州市、海口市、文昌市等。其余市(县)除了万宁市和定安县,比例也超过了 70%。说明此次大气污染过程主要是由 O_3 浓度超标所引起的,与全国其他城市一样,O_3 成为海南省城市大气污染物中

的主要污染物类型。

对 2017 年 10 月发生在海南省的大气污染事件统计分析发现，O_3 是此次污染过程的主要污染物，有 13 个市（县）首要污染物为 O_3 的天数比例超过 80%，其中 9 个市（县）达到 100%。海南北部和西部的市（县）O_3 污染较为严重，26 日澄迈县和儋州市 AQI 达到了中度污染等级，分别为 171 和 151，此外，还有 7 个市（县）达到轻度污染等级，AQI 在 100～150，2017 年 10 月过程污染范围和强度达到了 2013 年有观测资料以来的历史极值。

表 3.3　2017 年 10 月海南省 18 个市（县）的首要污染物统计

市（县）	良及以上等级的天数(d)	首要污染物为 O_3 的天数(d)	首要污染物为 O_3 的天数比例(%)	市（县）	良及以上等级的天数(d)	首要污染物为 O_3 的天数(d)	首要污染物为 O_3 的天数比例(%)
海口	15	15	100.0	屯昌	13	12	92.3
三亚	11	11	100.0	澄迈	15	15	100.0
五指山	8	7	87.5	临高	11	8	72.7
琼海	10	7	70.0	白沙	8	1	12.5
儋州	14	14	100.0	昌江	11	11	100.0
文昌	15	15	100.0	乐东	12	12	100.0
万宁	9	3	33.3	陵水	9	8	88.9
东方	19	19	100.0	琼中	14	14	100.0
定安	9	5	55.6	保亭	12	11	91.7

3.7.2　2017 年 10 月海口市大气污染物与气象要素变化特征

图 3.8 为 2017 年 10 月海口市的 AQI、气象要素和 6 类污染物浓度逐日变化。可以看出，10 月 24 日之前海口市 AQI 偏低，均在 100 以下，空气质量等级以优和良为主；同时，部分时段有降水发生，降水的冲刷作用不利于海口市污染物浓度的上升。24 日之后海口市没有降水发生，湿清除作用减弱，有利于大气污染物浓度的增加。从 24 日起海口市的 AQI 开始超过 100，达到轻度污染等级。从气温和相对湿度上看，10 月海口市气温和相对湿度呈缓慢下降的趋势，特别是在污染时段，气温在 25 ℃ 以下，相对湿度不到 80%。在 O_3 生成的光化学反应中，太阳的紫外光也是必要条件之一，气温在一定程度上可以反映紫外光的强弱，相对湿度的偏高会影响太阳紫外辐射，同时会加大 O_3 的干沉降，减弱其化学反应（程念亮 等，2016），因此气温和相对湿度均与 O_3 浓度密切相关。污染时段尽管气温偏低，但从日照时数上看，污染时段日照时数在 8 h·d^{-1} 左右，说明太阳紫外辐射是比较稳定的，并没有随着气温的下降而降低。而污染时段相对湿度偏低有利于 O_3 浓度的积累，导致 O_3 浓度上

升。从最大风速上看,污染时段最大风速略偏弱,有利于污染物在本区聚集,导致空气污染事件的发生。6类污染物浓度均呈逐日增加的变化趋势,与AQI变化趋势一致。除 O_3 浓度以外,其余5类污染物浓度均没有超过《环境空气质量标准》二级标准限值,说明此次污染过程只是由于 O_3 浓度超标引起的。海南省 O_3 污染已经逐渐取代了 $PM_{2.5}$,成为主要大气污染物类型(Li et al.,2017)。

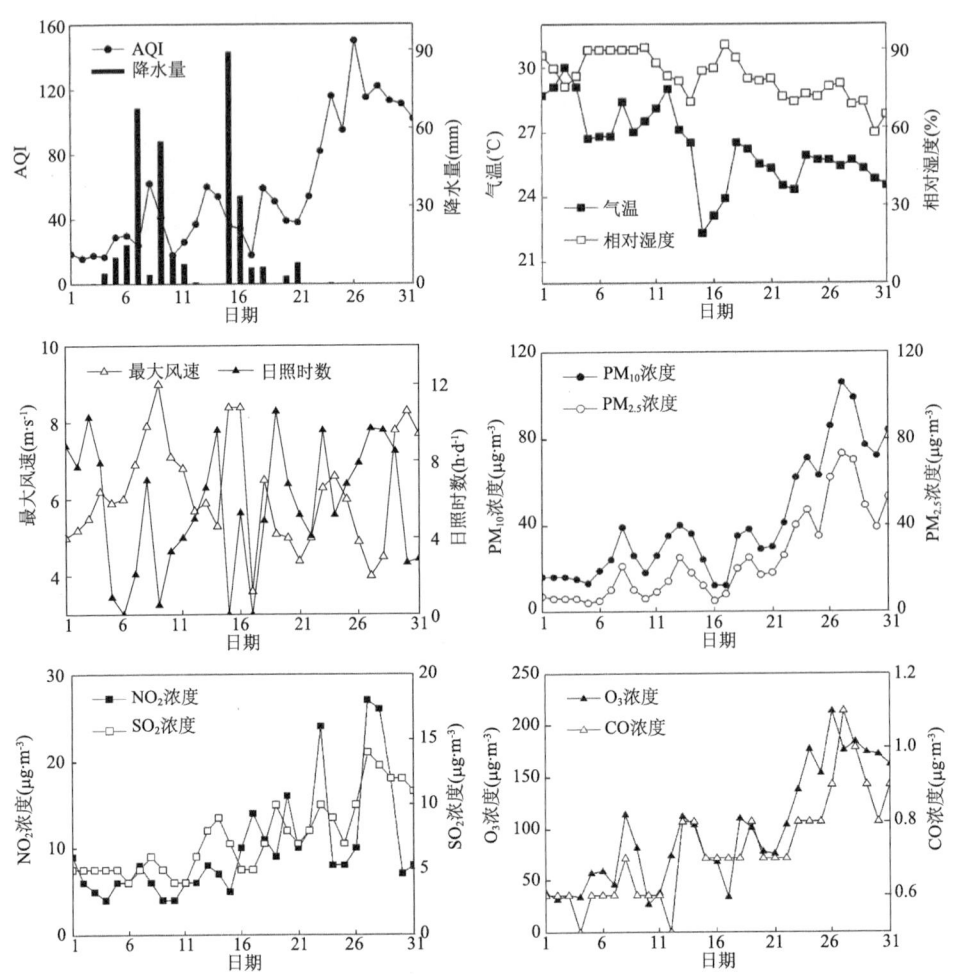

图 3.8 2017 年 10 月海口市的 AQI、气象要素和 6 类污染物浓度逐日变化

表 3.4 为 2017 年 10 月海口市 AQI、6 类污染物与气象要素的相关系数。可以看出,AQI、污染物浓度均与降水量、气温、相对湿度呈负相关。AQI、污染物浓度均与气温和相对湿度的相关系数较大,大部分都通过了信度检验,说明气温和相对湿度均与污染物浓度密切相关,其中 O_3 浓度和 AQI 与相对湿度的相关系数分别为 -0.701 和 -0.685,均通过了 99.9% 的信度检验;另外,AQI、污染物浓度均与日照

时数呈正相关,且相关系数均大于 0.3,其中 NO_2、SO_2、PM_{10}、$PM_{2.5}$ 和 CO 的浓度与日照时数的相关系数均通过了 95% 的信度检验。而最大风速与 O_3 浓度和 AQI 均呈正相关,与其余污染物浓度均呈负相关,但相关系数均偏小,没有通过信度检验。当某一地区地面风速加大时,能加强该地区污染物向外扩散,从而达到清洁该地区空气质量的效果,但也有可能对风向下流区域造成外源污染(王珊 等,2014;Yerramilli et al.,2012),因此,风速会与当地污染物浓度呈负相关。而 2017 年 10 月海南省(不包括三沙市)大气污染过程中,O_3 浓度和 AQI 均与最大风速呈弱的正相关,这也说明此次 O_3 污染与外源输送关系密切。

对 2017 年 10 月海南省相关的气象要素与 AQI 和污染物浓度相关分析表明,气象要素与 AQI 和污染物浓度存在较好的相关关系,O_3 浓度和 AQI 与相对湿度的相关系数分别为 -0.701 和 -0.685,均通过了 99.9% 的信度检验。OMI 卫星反演结果表明,污染时段的广东省珠三角地区和该区至海南北部的南海北部海面的对流层 NO_2 柱浓度均有显著升高,表明外源输送对此次 O_3 浓度超标有直接影响。

表 3.4 2017 年 10 月海口市 AQI、6 类污染物与气象要素的相关系数

气象要素	NO_2 浓度 ($\mu g \cdot m^{-3}$)	SO_2 浓度 ($\mu g \cdot m^{-3}$)	PM_{10} 浓度 ($\mu g \cdot m^{-3}$)	$PM_{2.5}$ 浓度 ($\mu g \cdot m^{-3}$)	CO 浓度 ($\mu g \cdot m^{-3}$)	O_3 浓度 ($\mu g \cdot m^{-3}$)	AQI
降水量	-0.269	-0.324	-0.336	-0.353*	-0.274	-0.305	-0.315
气温	-0.428*	-0.463**	-0.364*	-0.397*	-0.549**	-0.46**	-0.428*
相对湿度	-0.343	-0.776**	-0.699**	-0.667**	-0.604**	-0.701**	-0.685**
最大风速	-0.407*	-0.132	-0.074	-0.153	-0.177	0.033	0.017
日照时数	0.423*	0.436*	0.355*	0.391*	0.389*	0.307	0.301

注:* 表示通过 95% 信度检验,** 表示通过 99% 的信度检验。

3.7.3 卫星反演结果

站点观测的大气污染物数据空间覆盖率低,区域分布并不均匀,无法获得大范围实时观测数据,而卫星遥感探测能提供长时间、大空间、高分辨率的大气成分数据(张亚杰 等,2017)。国内外卫星反演的大气污染物数据中并没有对流层 O_3 的产品,因此,该研究选取 NASA 的 OMI 卫星反演的对流层 NO_2 柱浓度资料进行对比分析(Wang et al.,2017b)。NO_2 作为 O_3 的前体物,其变化特征与 O_3 有密切联系,结合图 3.7 可知,污染时段 NO_2 浓度与 O_3 浓度均明显上升。图 3.9 为华南地区对流层 NO_2 柱浓度、850 hPa 风场和等高线空间分布。从 2017 年 10 月的平均值看,珠江三角洲(简称珠三角)地区是华南对流层 NO_2 柱浓度高值中心,最大值在 8×10^{15} molec·cm^{-2} 以上(图 3.9a)。850 hPa 风场呈东到东北风,海南省位于珠三角地区的下流方向,有利于该地区的大气污染物向海南省输送。从污染时段看,珠三角地区对流层 NO_2 柱浓度中心值增至 10×10^{15} molec·cm^{-2},大值区范围明显扩大,说明污染时段珠三角地

区已经有大气污染事件发生,污染物浓度已明显上升,而且在珠三角地区至海南省的南海北部海面上,对流层 NO_2 柱浓度在 $3×10^{15}$ molec·cm^{-2} 以上,较月平均值有明显上升;另外,850 hPa 等高线也较月平均值增大,说明污染时段有冷空气南下,风场也逆转为东北风,而且风速加大,有利于污染物从珠三角地区输送至海南省上空(图 3.9b)。在珠三角地区至海南省的南海北部海面上,有较大的对流层 NO_2 柱浓度出现,珠三角地区的对流层 NO_2 柱浓度高值向海南省延伸,也进一步证明外源输送对海南省此次 O_3 浓度超标有较大的影响,而珠三角地区的直接输送对此次污染过程有较大的贡献。由于 NO_2 浓度与 O_3 浓度并不是线性关系,因此,外源输送致使海南省 O_3 浓度超标的结果存在一定的不确定性。

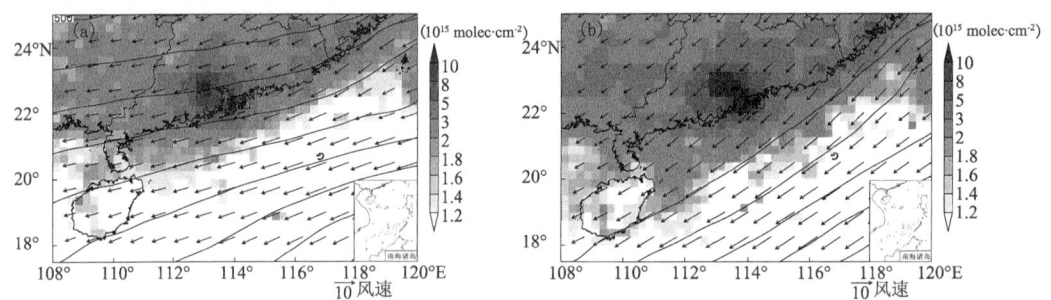

图 3.9 华南地区对流层 NO_2 柱浓度、850 hPa 风场和等高线空间分布
(a. 2017 年 10 月;b. 2017 年 10 月 24—31 日平均)

3.7.4 后向轨迹的聚类分析与输送路径

利用 HYSPLIT 模型模拟了 2017 年 10 月海口市市区 500 m 高度 48 h 共 31 条后向轨迹,并进行聚类分析,得到 4 类气流后向轨迹特征(表 3.5)。可以看出,聚类 1 是来自南海北部的中短距离气流,出现概率为 19%;聚类 2 是来自东南沿海的中短距离气流,出现概率为 35%;聚类 3 和聚类 4 分别是来自内陆地区的中短距离气流和长距离气流,出现概率分别为 35% 和 10%。表 3.6 进一步给出了这 4 类气流对应时段的 AQI 及 6 类污染物浓度。可以看出,来自内陆地区的聚类 4 长距离气流对应的 AQI 最高(83),除 NO_2 浓度外,其余污染物浓度也是 4 类轨迹气流中最高的,O_3 浓度为 135.0 μg·m^{-3};其次是同样来自内陆地区的聚类 3 中短距离气流,AQI 为 69,O_3 浓度为 119.6 μg·m^{-3}。10 月内陆地区低层大气污染物浓度偏高,来自内陆的聚类 3 和聚类 4 气流有利于污染物从源区输送至海南省。污染时段中,10 月 30 日、31 日的气流轨迹属于聚类 4,而 27 日、28 日和 29 日属于聚类 3。来自东南沿海的聚类 2 中短距离气流对应的 AQI 和污染物浓度也均较大,对应海口市的 AQI 和 O_3 浓度分别为 61 和 102.3 μg·m^{-3}。由图 3.9 可见,污染时段由于冷空气向东南沿海移动,内陆地区的大气污染物也随着冷空气向东南沿海扩散,致使该区域污染物

浓度也偏高。而聚类 2 气流也能将东南沿海的大气污染物进一步输送至海南省,因此,在该类气流的影响下,AQI 和大气污染物浓度均偏高,统计发现污染时段中 24 日和 26 日后向轨迹属于此类气流。来自南海北部的聚类 1 中短距离气流由于没有经过明显高污染区域,因此,对应的 AQI 和污染物浓度均是 4 类气流中最低的,其 AQI 和 O_3 浓度分别为 18 和 33.5 $\mu g \cdot m^{-3}$。

表 3.5 2017 年 10 月海口市 4 类气流后向轨迹特征

轨迹类型	轨迹属性	途经区域
聚类 1	中短距离气流	巴士海峡、南海北部
聚类 2	中短距离气流	台湾海峡、华南沿海
聚类 3	中短距离气流	江西北部、广东西部
聚类 4	长距离气流	江苏南部、上海、浙江中部、福建中部、广东中部

表 3.6 2017 年 10 月海口市 4 类气流对应时段的 AQI 及 6 类污染物浓度

轨迹类型	出现概率(%)	NO_2 浓度 ($\mu g \cdot m^{-3}$)	SO_2 浓度 ($\mu g \cdot m^{-3}$)	PM_{10} 浓度 ($\mu g \cdot m^{-3}$)	$PM_{2.5}$ 浓度 ($\mu g \cdot m^{-3}$)	CO 浓度 ($\mu g \cdot m^{-3}$)	O_3 浓度 ($\mu g \cdot m^{-3}$)	AQI
聚类 1	19	7	4.8	15.5	6.5	0.6	33.5	18
聚类 2	35	7.2	6.2	39.7	21.6	0.7	102.3	61
聚类 3	35	15.2	9.5	51.8	33.3	0.8	119.6	69
聚类 4	10	6.7	10	60	34.7	0.8	135	83

卫星反演和影响气流后向轨迹聚类分析结果均表明,外源输送对此次海南省 O_3 污染过程有较大贡献,污染时段珠三角地区有对流层 NO_2 柱浓度大值向海南省方向延伸。海南省影响气流主要来自内陆地区的长距离气流、中短距离气流和来自东南沿海的中短距离气流,3 支气流影响时段对应海口市的 AQI 分别为 83,69,61,O_3 浓度分别为 135.0 $\mu g \cdot m^{-3}$、119.6 $\mu g \cdot m^{-3}$、102.3 $\mu g \cdot m^{-3}$。

3.7.5 大气污染期间的污染物潜在源区

图 3.10 为 2017 年 10 月海口市 AQI 的 WPSCF 和 WCWT 分布。WPSCF 的大小体现污染轨迹通过该网格点的概率,而 WCWT 的大小表示该网格对受点 AQI 的贡献大小。WPSCF 越大的网格,WCWT 也越大,即污染轨迹通过概率较大的网格,对受点的污染贡献也越大,而二者高值重合的区域,就是该受点的潜在污染源区。可以看出,海口市污染物的潜在贡献源区有湖南东南部、江西西部、江苏南部、浙江南部、福建中部和南部地区,以及广东,说明这些地区可能是 2017 年 10 月海南省 O_3 污染的潜在源区。从数值上看,与海南较近的广东西部和珠三角地区的 WPSCF 和 WCWT 最大,分别为 >0.21 和 >8,而其余地区的 WPSCF 和 WCWT 相对较小,这也进一步说明了广东对海南此次 O_3 浓度超标的贡献较大,与卫星遥感结果(图 3.9)

一致。污染时段随着冷空气南下,O_3 从源区输送至海南省,导致 O_3 浓度上升,海南省污染事件发生。湖南东南部、江西西部、江苏南部、浙江南部、福建中南部地区对 2017 年 10 月污染过程也有一定的潜在贡献。图 3.11 给出了 2017 年 10 月 24—31 日海口市不同高度气流 48 h 后向轨迹。可以看出,污染时段 10 m 的气流轨迹分别从湖南南部、江西中部和福建中部经过广东到达海南,而 500 m 和 1000 m 气流轨迹有两支,一支从湖南和江西交界经广东西部到达海南,另一支从长江口沿我国东南沿海到达海南,与图 3.10 的结果一致。

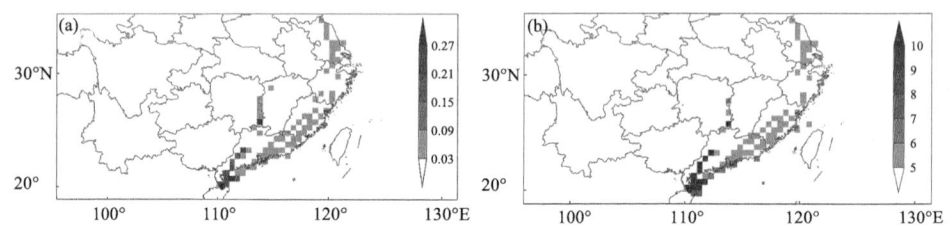

图 3.10 2017 年 10 月海口市 AQI 的 WPSCF(a)和 WCWT(b)分布

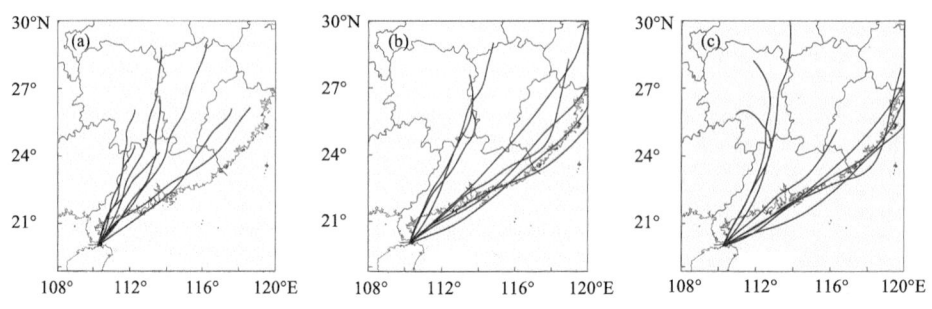

图 3.11 2017 年 10 月 24—31 日海口市不同高度气流 48 h 后向轨迹
(a. 10 m; b. 500 m; c. 1000 m)

WPSCF 和 WCWT 分析结果表明,广东是海南 2017 年 10 月 O_3 浓度超标的主要贡献源区之一,其 WPSCF 和 WCWT 分别为>0.21 和>27。湖南东南部、江西西部、江苏南部、浙江南部、福建中南部地区也有一定的潜在贡献。污染时段不同高度海口市影响气流 48 h 后向轨迹分析表明,所有轨迹均经过高污染区域的广东,进一步证明了广东是 2017 年 10 月海南 O_3 浓度超标的主要贡献源区。

第4章 前体物和气象因子对海南省臭氧浓度的影响

近地层中 O_3 的来源除了少量是平流层的向下输送外(耿福海 等,2012),大部分是由人类活动(燃煤、机动车尾气以及石油化工等)排放的 NO_x、CO 与 VOC_s 等在紫外光的照射下反应生成的(徐慧 等,2015;程麟钧 等,2017;贾海鹰 等,2016)。因此,O_3 浓度的高低很大程度上取决于前体物(NO_x 和 VOC_s)和气象因子对光化学反应发生速率的影响。随着我国城市的扩大化,机动车增长迅猛,机动车尾气 NO_2 排放量也逐年增加,而且已成为仅次于工业污染源的 NO_2 重要来源(王小霞,2012)。NO_2 可诱发光化学反应除了生成 O_3 以外,还可生成二次气溶胶粒子,加重大气复合型污染(刘璐,2011)。

国内外专家学者对不同地区城市 O_3 浓度的时空变化做了大量研究,如段晓瞳等(2017)从不同时空、地形和气温等角度分析了全国 189 个主要城市 O_3 浓度的变化特征;Sicard 等(2013)研究表明,欧洲地区城市 O_3 浓度有上升趋势,而且气候变化对城市 O_3 浓度影响较大;Seo 等(2013)分析了韩国地区城市 O_3 浓度与气象因子的关系;孟晓艳等(2017)分析了 2013—2016 年我国 74 个城市 O_3 监测数据,结果表明 O_3 在城市空气质量中首要污染物的比重在逐年上升,其中大城市尤为显著。此外,还有很多类似的结果见第 1 章相关内容。

关于海南全省尺度的城市 O_3 浓度时空分布特征及其与前体物和气象因子相关关系的文献较少,本章主要利用 2015—2018 年海南省 32 个市(区)空气质量监测站资料,结合同期相关气象要素资料,系统分析了海南省 O_3 浓度与 NO_2 浓度和气象影响因子的关系,研究方法包括气候趋势系数和相关分析等统计方法,以期为当地政府制定切实可行的环境管理政策和气象与环境部门的预报服务工作等提供理论依据。资料与研究方法更为具体的介绍可参考第 2 章相关内容。

4.1 前体物与臭氧的相关分析

生成 O_3 的光化学反应可以用式(4.1)~(4.3)表示,

$$HO_2 + NO \rightarrow NO_2 + OH \tag{4.1}$$

$$RO_2 + NO \rightarrow \varphi NO_2 + HO_2 \tag{4.2}$$

$$NO_2 + h\nu \rightarrow NO + O_3 \qquad (4.3)$$

式中，HO_2、RO_2 为过氧自由基，φ 为 NO_2 的产率，$h\nu$ 为紫外光强度。在 O_3 的生成过程中，HO_2 和 RO_2 氧化产生 NO_2，NO_2 随后光解产生 O_3，因此 NO_2 作为 O_3 的前体物，其浓度大小与 O_3 浓度关系密切。图 4.1 为 2015—2018 年 $O_3-8\ h$ 浓度与 NO_2 浓度相关性。可以看出，$O_3-8\ h$ 浓度总体偏低，浓度值主要分布在 $40\sim120\ \mu g\cdot m^{-3}$，而 NO_2 浓度分布在 $5\sim15\ \mu g\cdot m^{-3}$，海南省 O_3 污染程度相对较轻。另外，$O_3-8\ h$ 浓度与 NO_2 浓度存在明显的正相关关系，拟合方程为 $y=4.74x+28.32$，$R^2=0.21$。图 4.2 为 2015—2018 年 $O_3-8\ h$ 浓度与 NO_2 浓度逐月变化。可以看出，$O_3-8\ h$ 浓度和 NO_2 浓度均有明显的季节变化特征，表现为浓度值秋冬季偏高，夏季偏低。一般而言，夏季是一年中气温最高的季节，高温对光化学反应有利，但是海南省夏季是主汛期，降水充沛，一方面，雨水的冲刷作用不利于大气污染物浓度的升高；另一方面，受夏季风和降水的影响，海南省夏季相对湿度偏高，对光化学反应有一定的抑制作用（徐锟 等，2018）。秋冬季海南省受地面冷高压控制，天气形势稳定，加上低层偏北风场控制，外源输送加强，相对湿度偏低，本地排放与外源输送共同作用下致使海南省 O_3 浓度和 NO_2 浓度均有不同幅度的上升（符传博 等，2015a）。通过计算 $O_3-8\ h$ 浓度与 NO_2 浓度的相关系数，得出相关系数为 0.607，通过了 99.9% 的显著性检验，说明 $O_3-8\ h$ 浓度与 NO_2 浓度密切相关。

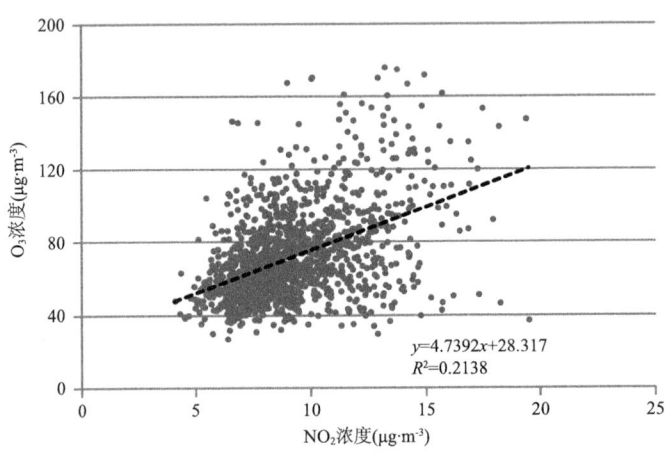

图 4.1　2015—2018 年 $O_3-8\ h$ 浓度与 NO_2 浓度相关性

4.2　四季前体物与臭氧的关系

四季 $O_3-8\ h$ 浓度与 NO_2 浓度相关性如图 4.3 所示，表明四季 $O_3-8\ h$ 浓度与 NO_2 浓度存在不同程度的正相关关系。从不同季节上看，春季 $O_3-8\ h$ 浓度与 NO_2 浓度呈明显的正相关关系，拟合方程斜率为 4.12。NO_2 浓度在 $10\sim15\ \mu g\cdot m^{-3}$ 时，O_3

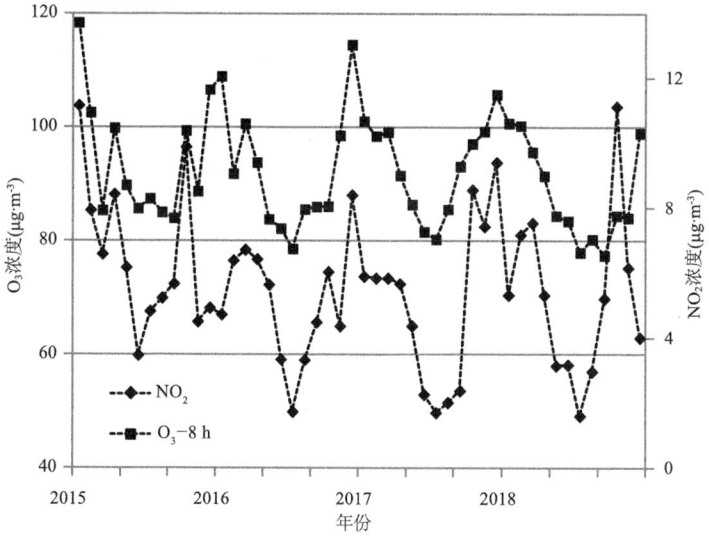

图 4.2　2015—2018 年 $O_3-8\,h$ 浓度与 NO_2 浓度逐月变化

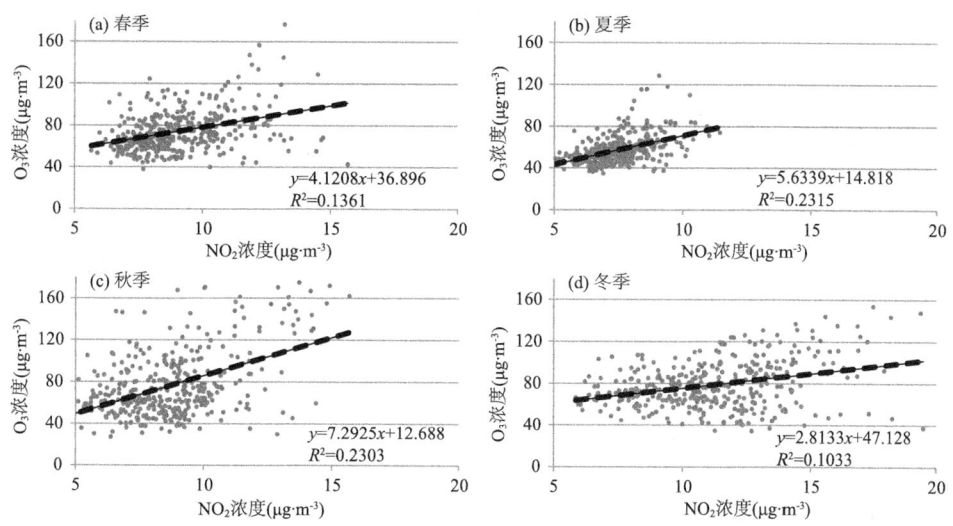

图 4.3　四季 $O_3-8\,h$ 浓度与 NO_2 浓度相关性

$-8\,h$ 浓度分布较为分散,部分时段 $O_3-8\,h$ 浓度超过 $160\,\mu g\cdot m^{-3}$,海南省有 O_3 污染发生;而 NO_2 浓度在 $5\sim10\,\mu g\cdot m^{-3}$ 时,$O_3-8\,h$ 浓度基本分布在 $40\sim120\,\mu g\cdot m^{-3}$。夏季 $O_3-8\,h$ 浓度与 NO_2 浓度相关关系斜率上升至 5.63,说明夏季 NO_2 对 O_3 增加贡献作用比春季大,但是 O_3 生成的光化学反应除了受前体物影响外,气象因子的作用也较大,夏季尽管气温较高(超过 27 ℃),但也是海南省主要的降

水季节,夏季月降水量均超过 200 mm,降水的冲刷作用不利于污染物浓度上升;另外,降水增多导致湿度上升,会加快 O_3 的反应消耗,从而抑制 O_3 浓度升高(徐锟 等,2018)。夏季海南省 O_3-8 h 浓度和 NO_2 浓度主要分布在 40~80 $\mu g \cdot m^{-3}$ 和 5~10 $\mu g \cdot m^{-3}$。秋季 O_3-8 h 浓度与 NO_2 浓度相关关系斜率骤增至 7.29,说明 O_3 浓度在秋季对于 NO_2 浓度的变化更加敏感。秋季 NO_2 浓度在 10~15 $\mu g \cdot m^{-3}$ 区间时,部分时段 O_3-8 h 浓度超过了 160 $\mu g \cdot m^{-3}$,秋季是海南省 O_3 污染最为严重的季节(徐文帅 等,2017)。冬季 O_3-8 h 浓度和 NO_2 浓度的相关关系斜率最小,只为 2.81,冬季 O_3-8 h 浓度对 NO_2 浓度的变化敏感性较低。冬季海南省总体气温偏低(低于 20 ℃),太阳辐射弱,大气氧化性减小,O_3 生成速率减慢,因而 O_3 浓度偏低。冬季部分时段 NO_2 浓度在 15~20 $\mu g \cdot m^{-3}$,是四季中 NO_2 浓度最高时段,而对应的 O_3-8 h 浓度分布较为分散,且没有超过 160 $\mu g \cdot m^{-3}$,冬季 O_3 浓度超标现象偏弱于秋季。

与前体物的相关分析表明,海南省 O_3-8 h 浓度与 NO_2 浓度存在明显的正相关关系,相关系数为 0.607,通过了 99.9% 的显著性检验,这说明 NO_2 浓度的变化对 O_3 浓度有很好的指示意义。秋季海南省 O_3 浓度和 NO_2 浓度最高,冬季和春季次之,夏季最低。这主要与不同季节的光化学反应、干湿沉降、传输和稀释等条件有关。

4.3 前体物对典型臭氧污染天气的作用

海南省 18 个市(县)(三沙市除外)中,有 3 个及以上市(县)O_3-8 h 浓度超过 160 $\mu g \cdot m^{-3}$(国家环境空气质量标准二级浓度限值),则定义当日为一个海南省区域性 O_3 污染日,而 1 d 中 18 个市(县)O_3-8 h 浓度均在 160 $\mu g \cdot m^{-3}$ 以下,则定义为一个清洁日。表 4.1 给出了 2015—2018 年区域性 O_3 污染日和清洁日对比。可以看出,污染日 O_3-8 h 浓度明显偏高于清洁日,偏高幅度达到了 122.6%,而 NO_2 浓度的偏高幅度为 37.7%。区域性 O_3 污染日相对于清洁日,O_3 浓度的增幅更加迅速。一般来讲,NO_2 是污染天气下 O_3 的重要前体物,NO_2 主要来自于汽车尾气,海南省作为国内著名的旅游省份,燃煤和工业排放相较于其他省份明显偏少,而随着城市的发展,民用汽车保有量增长迅速,汽车尾气对于 O_3 污染天气的贡献更大。大气中 NO_2 浓度上升后,通过一系列的光化学反应生成 O_3,同时反应过程会受到湿度、温度和光照等多种因素影响。海南省由于纬度较低,气温和光照条件相对较好,在其他条件相同的情况下,光化学反应更为剧烈,O_3 产率更大,因此,可以解释区域性污染天气下 O_3 浓度增幅更大的原因。图 4.4 进一步给出了区域性 O_3 污染日 O_3-8 h 浓度与 NO_2 浓度相关性,揭示了 O_3 污染时段 O_3-8 h 浓度与 NO_2 浓度存在明显的正相关关系,相关系数为 0.275,通过了 90% 的信度检验。

表 4.1　2015—2018 年区域性 O_3 污染日与清洁日对比

项目	区域性 O_3 污染日	清洁日
样本数(d)	40	1364
$O_3-8\ h$ 浓度($\mu g \cdot m^{-3}$)	150.09	67.42
NO_2 浓度($\mu g \cdot m^{-3}$)	12.28	8.92

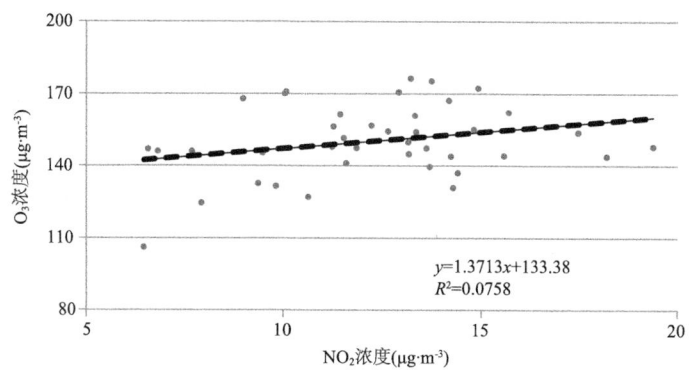

图 4.4　区域性 O_3 污染日 $O_3-8\ h$ 浓度与 NO_2 浓度相关性

4.4　气象因子与臭氧浓度的关系

为了进一步分析气象因子与海南省 O_3 浓度的相关性,表 4.2 给出了 $O_3-8\ h$ 浓度和 NO_2 浓度与气象因子的相关系数,其中 $O_3-8\ h$ 浓度和 NO_2 浓度与降水量、降水日数(日降水量≥0.1 mm,则记为一个降水日)、相对湿度、日照时数和平均气温呈负相关关系,与平均风速呈正相关关系。$O_3-8\ h$ 浓度与降水量和降水日数的相关系数分别为 -0.447 和 -0.632,均通过了 99% 的信度检验。降水可以通过沉降作用清除大气中的污染物,从而降低 O_3 和其他污染物浓度,NO_2 浓度与降水量和降水日数也呈现较高的负相关性,相关系数均通过 99% 的信度检验。$O_3-8\ h$ 浓度与相对湿度的相关系数为 -0.286,通过 95% 的信度检验。一般而言,相对湿度偏大,一方面,会减弱太阳紫外光,减缓光化学反应,从而降低 O_3 浓度;另一方面,会加大 O_3 浓度的干沉降效应,不利于 O_3 浓度的升高(徐锟 等,2018)。研究表明,水汽在一定条件下会直接与 O_3 发生化学反应,消耗 O_3(程念亮 等,2016),因此,相对湿度与 O_3 浓度存在较好的负相关关系。日照时数和气温在一定程度上能反映太阳紫外辐射的强度和持续时间。日照时数长,气温高,其一,有利于光化学反应的发生,其二,表明大气垂直输送能力增强,而海南省 O_3 浓度与日照时数和气温的负相关性,揭示了海南省大气垂直扩散能力对 O_3 浓度存在明显影响。风速的大小,不仅能影响大气对污染物的水平扩散稀释能力,同时还对污染物起到输送作用(刘鲁宁 等,2013)。$O_3-8\ h$ 浓度与平均风速的正相关性表明外源输送对海南省 $O_3-8\ h$ 浓度影响较大，区域性 O_3 污染多发生在有冷空气配合的秋冬季。

与气象因子的相关分析表明，海南省 $O_3-8\ h$ 浓度与降水量、降水日数、相对湿度、日照时数、平均气温呈负相关关系，与平均风速呈正相关关系，其中与降水量和降水日数的相关系数分别为 -0.447 和 -0.632，均通过 99% 的信度检验。$O_3-8\ h$ 浓度与相对湿度的相关系数为 -0.286，通过 95% 的信度检验。高温、低湿、日照时数长等均对海南省 O_3 浓度升高有利。

表 4.2 $O_3-8\ h$ 浓度和 NO_2 浓度与气象因子的相关系数

项目	降水量	降水日数	相对湿度	日照时数	平均气温	平均风速
$O_3-8\ h$ 浓度	-0.447^{***}	-0.632^{***}	-0.286^{**}	-0.255^{*}	-0.542^{***}	0.381^{***}
NO_2 浓度	-0.575^{***}	-0.524^{***}	-0.053	-0.591^{***}	-0.796^{***}	0.558^{***}

注：*** 表示通过 99% 的信度检验；** 表示通过 95% 的信度检验；* 表示通过 90% 的信度检验。

4.5 气象因子对典型臭氧污染天气的作用

O_3 污染天气的形成，除了与污染源排放情况有关外，还与气象条件决定的大气扩散能力（光化学反应、干湿沉降、传输和稀释等）有关。当不利于污染物扩散的天气条件出现时，大气污染物无法及时扩散或者沉降，并在近地面逐渐积累，浓度升高形成污染物浓度超标，大气污染事件发生。为了更为直观地分析气象因子对 O_3 浓度地影响，表 4.3 给出了 2015—2018 年区域性 O_3 污染日和清洁日的气象因子对比。可以看出，海南省区域性 O_3 污染发生时气象因子浓度与清洁日有明显差异。区域性 O_3 污染日海南省降水量和相对湿度要偏低于清洁日，降水量只有 0.3 mm，相对湿度只为 74.7%。O_3 污染时段日照时数达到了 $7.3\ h\cdot d^{-1}$，相比于清洁日偏高了 32.7%，而气温只为 23 ℃，这可能与 O_3 污染日主要出现在冬半年有关。区域性 O_3 污染日平均风速与清洁日没有明显差异，都为 $2\ m\cdot s^{-1}$。综上所述，降水偏少、湿度偏低、日照时数偏长的气象条件，对海南省区域性 O_3 污染地发生有利。图 4.5 进一步给出了 2015—2018 年海南省区域性 O_3 污染日 $O_3-8\ h$ 浓度与日照时数和相对湿度的散点图。可以看出，当日照时数主要分布在 $4\sim10\ h\cdot d^{-1}$，相对湿度在 65%~80% 时，海南省发生区域性 O_3 污染的概率较高。另外，还可以发现，在日照时数小于 $4\ h\cdot d^{-1}$ 时，部分时段还有区域性 O_3 污染的发生，结合 O_3 生成条件可知，太阳紫外辐射偏弱不利于光化学反应发生。此外，从湿度条件上看，相对湿度在 70%~80%，湿度偏弱也有利于 O_3 浓度的升高。对于日照时数小于 $4\ h\cdot d^{-1}$ 时段的海南省 O_3 污染成因尚不清楚，其内在机制还有待于进一步研究。

综上可知，海南省区域性 O_3 污染发生时，$O_3-8\ h$ 浓度与 NO_2 浓度存在明显的正相关关系，相关系数为 0.275，通过了 90% 的信度检验。降水偏少、湿度偏低和日照时数偏长是海南省区域性 O_3 污染发生的有利条件。部分区域性 O_3 污染日发生在日照时数小于 $4\ h·d^{-1}$ 的条件下,说明外源输送也有可能造成海南省 O_3 浓度超标。

表 4.3 2015—2018 年区域性 O_3 污染日与清洁日的气象因子对比

项目	区域性 O_3 污染日	清洁日
样本数(d)	40	1364
O_3-8 h 浓度($\mu g·m^{-3}$)	150.09	67.42
降水量(mm)	0.3	5.5
相对湿度(%)	74.7	83.2
日照时数($h·d^{-1}$)	7.3	5.5
平均气温(℃)	23	24.9
平均风速($m·s^{-1}$)	2	2

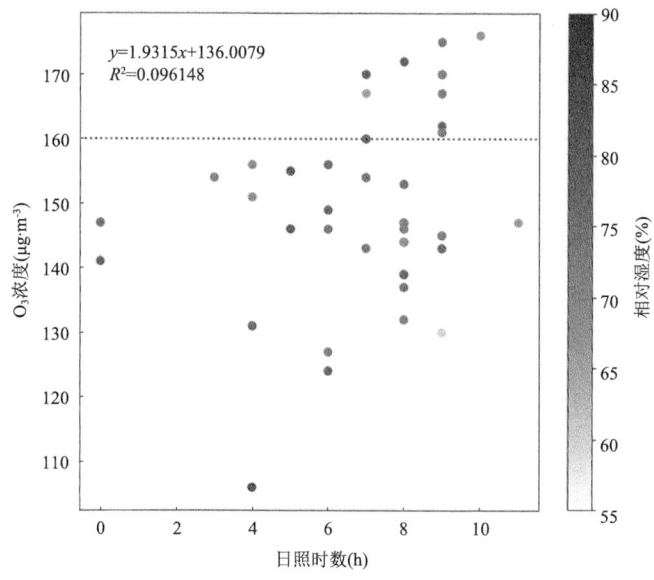

图 4.5 2015—2018 年区域性 O_3 污染日 O_3-8 h 浓度与日照时数和相对湿度的散点图

第5章 海南省臭氧污染天气型分类

一个地区空气质量的好坏很大程度上受气象条件的影响,因而深入研究当地天气分型方法对空气质量预报服务工作尤为重要。污染天气分型方法主要包括主观分型方法和客观分型方法。主观分型方法是指基于天气图、利用天气学原理等理论对空气污染过程进行分类。如邹旭东等(2006)将我国北方污染天气划分为沙尘天气和空气质量天气,发现产生沙尘天气的天气系统主要为蒙古气旋和偏南风干冷锋天气系统,空气质量天气都为地面高压系统控制。赵娜等(2017)利用2013—2016年河北省196个环境监测站和气象资料对重污染天气形势进行天气学分型,发现西北高压型重污染天气出现概率最高,均压场型次之,回流型最低。客观分型方法是指利用客观数学算法或模型对天气过程进行分型的方法,如杨旭等(2017)等采用PCT方法对京津冀地区海平面气压场进行了客观分型,发现高压场、高压后部、鞍形场和冷锋前部型容易出现污染天气。俞布等(2017)基于Lamb-Jenkinson天气分型方法对杭州四季的天气型进行划分,表明冬季高压控制和暖区发展天气型容易出现污染天气。针对海南省O_3污染的天气分型方法还未见报道,本章使用2015—2018年海南省18个市(县)(三沙市除外)32个环境监测站的O_3逐小时浓度数据,结合《海南省天气预报技术手册》(海南省气象局,2013)中海南天气的分型方法,探讨不同天气类型下海南省O_3污染的时空变化及天气形势特征,为海南省城市O_3污染控制和空气质量预报及改善提供参考。

5.1 影响海南省的天气分型简述

主观天气分型主要是基于对天气图的理解和分析,结合天气学原理,总结出不同环流背景和天气形势特征,并具体描述出每一种天气类型下该区域会出现的天气特点和要素特征。在《海南省天气预报技术手册》中,影响海南的天气系统过程可以分为4类(表5.1),分别为冷空气类、低压槽类、副热带高压(或脊)内部类及热带系统类。冷空气类可细分为冷空气偏西下类和冷空气偏东下类。冷空气偏西下类的划分标准是冷空气到达华南沿海时,重庆站24 h变压大于汉口站,850 hPa高空图上高中心从重庆站以西地区南下,冷空气主要从110 °E以西地区侵袭本区。而冷空气偏东下类的划分标准是重庆站24 h变压小于汉口站,850 hPa高空图上,高压中心从重庆站以东地区南下,冷空气主要从110 °E以东地区侵袭本区。低压槽类可分为南海季风槽和西南低压槽两类,其中南海季风槽又可细分为南海低压槽、华南沿海低压槽和越南低压槽,主要是根据南海季风槽的地理位置来划分。副热带高压(或脊)内部类可分为西太平洋副热带高压类和变暖高压脊类,其中变暖高压脊是由我国大陆的地面冷高压东移出海变性而成。热带系统类是指本区受某热带低压系统环流控制的一整段时期,称为热带低压系统过程。下面主要介绍各类天气的过程划分标准和出现的主要天气类型。

表 5.1 海南地区天气系统过程分类

冷空气类						低压槽类			副热带高压(或脊)内部类		热带系统类 TC
冷空气偏西下			冷空气偏东下			南海季风槽			西南低压槽 SWT		
冷锋过境 WF	静止锋 WQ	锋消 WS	冷锋过境 EF	静止锋 EQ	锋消 ES	南海低压槽 ST1	华南沿海低压槽 ST2	越南低压槽 YT		西太平洋副热带高压 G1	变暖高压脊 G2

5.1.1 冷空气类天气过程

1. 冷空气偏东下

(1)冷空气偏东下冷锋天气过程(EF)

过程划分标准:

①冷空气到达华南沿海时,重庆站 24 h 变压小于汉口站,850 hPa 高空图上高中心从重庆以东地区南下,冷空气主要从 110°E 以东地区侵袭本区。

②锋面南下过湛江为过程开始,过程中冷锋扫过本岛,当另一过程开始时本过程即被代替而告结束。

天气特点:

与 EF 过程相关的天气现象有降雨、大风、低温等。a.降雨:EF 过程的降雨一般从锋面接近海南岛时开始,锋面南压过本岛进入海南南部海面后结束。几乎每一次 EF 过程都会给海南省陆地带来降雨,但降雨的落区分布不均匀,降雨量级主要以小雨为主。以一天中各地出现的最大量级来看,EF 过程的降水量绝大部分是小雨级,中雨和大雨少见。大雨仅见于 2—4 月及 11—12 月,中雨则在 1—3 月多些,小雨则主要在 1 月。由于冷锋后气团具有干冷性质,加上冷锋过境后,海南省及南海北部低空被强大的东北气流控制,没有明显的水汽来源,所以,EF 过程不会给海南省造成暴雨天气。从降水落区分布来看,以海南岛北部和东部、中部为最多,西北部次之,西南部最少,过程造成全省范围的降水以 1—2 月最多,其余多属于部分地区降水。b.大风:EF 过程还给北部湾和海南岛四周海区造成的>5 级强风,据统计,北部湾北部、北部湾南部、琼州海峡、海南东部、南部、西部近海中,过程造成一个以上海区出现

≥5级风的概率为86%,其中1月、3月、11月出现概率为100%;最长持续时间11月可达7 d,4月仅2 d;全年平均持续时间为2.6 d,最长为11月5.5 d,最短为4月1.5 d。各月份出现的强风最大强度为7~8级。c.低温:按最低气温≤12 ℃的标准,统计EF过程低温出现的情况,结果是约有58%的EF过程有低温出现,而且只出现在12月至次年2月,其他月份没有出现,1月出现的概率最大,达82%。低温持续天数最长为6 d,各月相差不大。平均持续天数为3.8 d,各月出现的最低气温为≤5 ℃。

(2)冷空气偏东下静止锋天气过程(EQ)

过程划分标准:

①冷空气到达华南沿海时,重庆站24 h变压小于汉口站,850 hPa(约1500 m)高空图上,高中心从重庆以东地区南下,冷空气主要从110°E以东地区侵袭本区。

②锋面南下过湛江为过程开始,过程中锋面在雷州半岛—琼州海峡—本岛或本岛南部沿海静止。当另一过程开始时,本过程即被代替而结束。

天气特点:

a.降雨:EQ过程给海南带来最显著的影响就是阴雨天气。几乎每个过程都会给海南陆地带来降雨,雨量以小雨级别居多。降水的大小与季节有很大关系,1月小雨过程较少,2月绝大部分都是小雨,仅有个别次数出现中雨,3月小雨仍占多数,并开始有大雨和暴雨出现,4月以后,本类过程的雨量显著增大,基本上都是大雨和暴雨,特别是9月全是暴雨,因为这些季节暖空气活跃,有持久的冷暖空气交汇,则可能造成大范围的持续强降水,这也是海南省春季主要降水形式之一。降水的落区分布不均匀,小雨级别以北部最多,东部、中部次之,中雨级别以北部和东部、中部居多,大雨级别以西北部和北部居多,暴雨主要出现在东部、中部,其他较少。b.强风:EQ过程由于强度较弱,强风出现的概率仅为38%,但1—2月的强风概率为100%,这是因为冷空气的强度还比较强的缘故,3—4月有时出现强风,5—6月和9月的EQ过程几乎没有强风。强风持续的时间较短,最长的为3 d,平均为1.6 d,以3月较为持久。强风的最大强度为7~8级,以2—3月较强,1月和4月最大强度仅为6级。c.低温:由于静止锋的冷空气势力弱,EQ过程造成低温的概率是很小,只占过程总数的10%,而且都是发生在2—3月,其他月份没有低温出现。2月有低温的过程占1/3,3月占1/10。最长持续天数为2 d,平均为1.5 d,最低气温为10.1~12.0 ℃。

(3)冷空气偏东下锋消天气过程(ES)

过程划分标准:

①冷空气到达华南沿海时,重庆站24 h变压小于汉口站,850 hPa(约1500 m)高空图上,高中心从重庆以东地区南下,冷空气主要从110°E以东地区侵袭本区。

②锋面在华南沿海或以北地区消失,冷空气南下过湛江为过程开始,至另一过程代替为过程结束。

天气特点：

a. 降雨：大部分 ES 过程都会给海南陆地带来降雨天气，其中绝大部分为小雨过程。特别是 11 月至次年 4 月以小雨居多，大雨和暴雨级别只出现在 9—11 月，这和这些月份里的南海低槽的活动及冷高在华东北部出海，形成本岛至华南沿海一带受偏东气流控制，水汽来源比较多有密切关系。降水的地区分布，小雨级别以东部、中部最多，北部次之，西北部又次之。中雨级别以东部、中部占多数，大雨级别和暴雨级别也以东部、中部居多。西北部未出现大雨级别，西南部和西北部未出现过暴雨级别。b. 强风：ES 过程出现强风的概率为 43%，其中主要出现在 10 月至次年 1 月，2—3 月较少，4—9 月没有出现过。但 10—11 月的强风多数出现在海南东部海面和西沙群岛附近海面，这是由于与南海低压共同作用的结果，与单纯的冷空气作用不同。强风平均可以维持 2.6 d，最长的为 7 d，最短的仅为 1 d。强风的最大强度为 7~9 级，发生在与热带大雨系统共同作用时。12 月至次年 2 月最大强度为 7~8 级，3 月为 6 级。c. 低温：本类过程出现低温的概率为 30%，但在 12 月达到 50%，1 月达到 78%，3—9 月没有低温出现。秋末冬初本类过程的低温与菲律宾以东的台风活动有关，故有时温度也比较低。低温的平均持续天数为 3.2 d，最长为 8 d，平均而论，以 12 月持续时间最长。所达到的最低温度，10 月、11 月和 2 月为 5~8 ℃，12 月至次年 1 月为≤5 ℃。

2. 冷空气偏西下

(1) 冷空气偏西下冷峰过境天气过程(WF)

过程划分标准：

①冷空气到达华南沿海时，重庆站 24 h 变压大于汉口站，850 hPa 高空图上，高中心从重庆以西地区南下，冷空气主要从 110°E 以西地区侵袭本区。

②锋面南下过湛江为过程开始，过程中冷锋扫过本岛，当另一过程开始时本过程即被代替而告结束。

天气特点：

a. 降雨：几乎每次 WF 过程都会给海南带来有降水，12 月至次年 3 月一般以小雨或中雨为主，5—10 月降雨强度基本都在中雨以上，9—10 月还会有大雨以上降水出现。由于 WF 过程冷空气比较活跃，只要水汽稳定度条件合适，一般降水级别是较大的。降水的地区分布，中小雨级别仍像其他冷空气过程一样，以东部、中部和北部最多，大雨级别以东部、中部占大多数，暴雨级别只出现在东部、中部和北部，但以东部、中部为多。b. 强风：偏西路径的冷空气往往势力强，因此，WF 过程是强风出现概率最大的，达 89%，尤以 1 月、3 月为最多，强风平均持续天数为 2 d，以 11 月的 3.2 d 最长，2 月及 6 月最短为 1 d，最长持续天数为 5 d。强风的最大强度为 7~9 级，以北部湾北部地区出现最多。c. 低温：本类过程出现低温的概率与出现强风的概率相反，是很小的，仅为 21%，而且只在 1—2 月出现，其他月份则未出现过。低温平均持续天数为 5.5 d，最长持续天数为 14 d，最低气温≤5 ℃，都是以 1 月最为显著。

(2)冷空气偏西下静止锋天气过程(WQ)

过程划分标准：

①冷空气到达华南沿海时,重庆站 24 h 变压大于汉口站,850 hPa 高空图上,高中心从重庆以西地区南下,冷空气主要从 110°E 以西地区侵袭本区。

②锋面南下过湛江为过程开始,过程中锋面在雷州半岛、琼州海峡、本岛或本岛南部沿海静止。当另一过程开始时,本过程即被代替而结束。

天气特点：

a. 降雨：几乎所有 WQ 过程都会给海南陆地带来降雨,与其他冷空气过程不同,WQ 过程小雨级别很少,只出现于 3—4 月,其他月份都在中雨级别以上,中雨级别产生于 5—6 月、8—9 月和 10 月,大雨级别产生于 4—5 月和 9—10 月,暴雨级别产生于 5—7 月和 9 月,大暴雨级别没有出现过。日最大降水的分布,小雨级别除西南部没有外,其他各区差不多,中雨级别也是各区相差不多,大雨级别以东部、中部最多,西北部次之,暴雨级别仍是东部、中部最多,西南部最少。b. 强风：WQ 过程的强风概率不大,仅为 36%,其中 12 月至次年 2 月和 7 月没有本类过程强风,其他月份均有发生过。强风平均持续天数为 2.2 d,以 4 月和 11 月较长,最长持续天数为 5 d,出现于 11 月,最大强度为 7~8 级,在 4—5 月出现,其余月份最大为 6 级,说明这类过程的强风较弱。c. 低温：WQ 过程冷空气强度弱,基本上不会造成海南省各地出现最低温度<12 ℃的低温天气。

(3)冷空气偏西下锋消天气过程(WS)

过程划分标准：

①冷空气到达华南沿海时,重庆站 24 h 变压大于汉口站,850 hPa 高空图上,高中心从重庆以西地区南下,冷空气主要从 110°E 以西地区侵袭本区。

②锋面在华南沿海或以北地区消失,冷空气南下过湛江为过程开始,至另一过程代替为过程结束。

天气特点：

a. 降雨：大部分 WS 过程都会给海南岛带来降雨,降水量级以中小雨为主,小雨级别在 9 月至次年 4 月均有,以 12 月至次年 1 月较多,中雨级别、大雨级别和暴雨级别均以 9—10 月为主。降水的地区分布,各级别都是以东部、中部出现最多,北部次之,很少全区性降水。暴雨、大雨绝大多数出现于东部、中部,西北部从未出现。b. 强风：WS 过程出现强风的概率为 44%,以 11 月 75% 为最高,3 月及 5—6 月的 WS 过程未出现强风。强风平均持续 2.9 d,最长持续天数可达 9 d,以 11 月为最长。强风最大强度达 7~9 级,发生在 9—11 月,热带低压系统与冷空气共同作用时。c. 低温：本类过程出现低温的概率为 40%,以 11 月至次年 1 月最高,达 75%~80%,3—9 月没有低温出现。低温的平均持续天数为 3.6 d,最长可达 9 d,11 月至次年 1 月的最低温度可达≤5 ℃,2 月也达 5~8 ℃。

5.1.2 低压槽类天气过程

(1) 南海季风槽

南海季风槽属于赤道辐合槽(Intertropical Convergence Zone, ITCZ)的一种,主要是由来自孟加拉湾的暖湿西南气流与西太平洋的副热带高压南部的偏东气流辐合形成的,北部没有明显的地形影响,东边的副高应该是对季风槽影响最大的环流系统。南海季风槽在海平面上的表现就是在南海和太平洋西部地区存在一个低压槽,可以用槽线表示槽的位置。

①南海低压槽(ST1):东西向的南海季风槽控制南海中部或北部(有时有低压中心及槽线,或有辐合线在 $15°\sim20°N$),将其定义为一次南海低压槽天气过程。南海低压槽控制本岛时,越南至北部湾可能有低压槽或低压,本岛高空吹东北—东—东南风,典型的吹东南风。若辐合线横过本岛,南部吹偏西风。南海低压槽影响时,海南全岛多数普遍有降水,基本上为阵性对流降雨,降雨量与低槽强度、位置、高低空天气系统配置密切关联,从小雨到大暴雨均有可能出现。降水落区分布在北部中部、东部地区较大。

②华南沿海低压槽(ST2):当南海季风槽位置偏北,控制华南沿海时,我们将其称为华南沿海低压槽。海南岛位于低压槽的南侧,低空吹西北—西—西南风,典型的吹偏西风。受华南沿海低压槽影响,海南多干热天气。在5—6月,低空偏西风越过海南中部的五指山区,在东部地区下沉,容易造成琼海地区出现 36 ℃ 以上的高温天气。如有降雨,则以阵性对流降雨为主,降雨落区主要分布在北部内陆和中部地区。

③越南低压槽(YT):夏季,来自阿拉伯海的低空偏西风经过孟加拉湾进入南海,之后再与副热带高压西侧的东南风汇合,发生向北偏转,气流呈气旋弯曲,在中南半岛地区形成一个开口向北的低压槽,称之为越南低压槽。越南低压槽有时扩展到中印半岛其他区域或延伸至南海南部。越南低压槽控制海南时,高空副热带高压脊控制华南并伸向本岛(有时从南海伸向本岛),本岛吹东南到偏南气流。上午即有淡积云,云自东(东南)向西(西北)方向移动,热力作用较强时,可以发展成浓积云。降水多以小到中阵雨为主,主要分布在西部、中部和南部地区。

(2) 西南低压槽(SWT)

西南低压槽又称西南热低压,是出现在云南、四川地区的近地面暖性气旋。低压中心形成后,倒槽向南伸展,控制华南和海南。西南热低压主要是局地受热(地面增热和平流增热)及中低空空气质量辐散所致,热低压生成后很少移动,常呈准静止状态。它是浅薄的准静止的低压系统,一般到 $3\sim4$ km 已经不明显。

过程划分标准:

①主力在西南地区(常被冷空气南压到中印半岛北部)。

②850 hPa(约 1500 m)高空,本岛气流呈气旋性弯曲,多属西南气流。

③湛江以南无锋面,本岛附近气压梯度大。

5.1.3 副热带高压(或脊)内部类天气过程

(1)西太平洋副热带高压(G1)

西太平洋副热带高压(简称"副高")是一个长年存在的,稳定少动的暖性深厚系统。其强度和范围,冬夏有很大不同,夏季高压特别强大,范围广,冬季强度较弱,范围较小。除在盛夏偶尔呈南北狭长的形状外,西太平洋副高一般长轴都是呈西南—东北走向。在高压区内,中下层以辐散为主,辐散区主要位于高压南部,高压的西部侧有辐合;在对流层上层,高压南部是辐合区,北部为辐散区。对流层下半层的高压区内主要为下沉运动。西太平洋副高对海南天气也有重要影响。副高的短期活动,特别是西伸和东撤,会给海南带来降雨天气。当副高脊西伸时,由于其西端原来为低槽控制,脊刚伸到海南岛沿海时,副高西端的东南气流给中低空带来大量水汽,海南省的东南部和中部山区会有一次降雨过程。当副高脊线位于华南,海南省处于它的南缘,副高南侧常有东风波生成并东移影响海南省。由于副高内部盛行下沉气流,当副高主体西伸控制海南省时,海南省以晴热天气为主。

(2)变暖高压脊(G2)

变暖高压脊是由我国大陆的地面冷高压东移出海变性而成。它是冷高压南伸的一个脊,从北方入侵我国大陆的冷空气,向东南方向挺进的过程中逐渐减弱,最后冷高压中心在我国华东沿海一带东移出海,由于海洋下垫面的作用,迅速增温增湿,发生变性,锋面在南海海面上消失,其南伸的高压脊影响到华南沿海至海南一带地区。变暖高压脊的活动与海南的天气变化有直接关系。当地面冷高在 35°N 以南出海,南海北部和海南岛地面和低空吹偏东风,海南北部、东部、中部地区有一次明显的降雨过程,如果没有其他天气系统配合,雨量一般以小雨为主。随着冷高中心继续东移远离陆地,若没有新的冷空气补充影响,海南省将转吹偏南风,降水过程结束,天气迅速回暖。

5.1.4 热带低压系统类天气过程(TC)

海南省受某热带低压系统环流控制的一整段时期,称此为热带低压系统过程。根据统计,热带低压系统对本区天气影响的程度,主要决定于它中心的路径,一般而言,热带低压系统影响期间,都会带来大风和降雨天气。

关于海南省天气类型更为具体介绍请参见《海南省天气预报技术手册》(海南省气象局,2013)。

5.2 海南省区域性臭氧污染的天气型分类

为了更为深入分析海南省 O_3 污染的区域特征,本节统计了海南省 18 个市(县)平均 $O_3-8\ h$ 浓度,根据第 3 章内容,定义 3 个及以上市(县)$O_3-8\ h$ 浓度超过 $160\ \mu g \cdot m^{-3}$(国家环境空气质量标准二级浓度限值)为一个海南省区域性 O_3 污染日。从表 3.2 给出了 2015—2018 年海南省区域性 O_3 污染统计结果中可知,4 年共有 40 d 发生了区域性 O_3 污染,发生概率为 2.73%。其中 2015 年和 2017 年达到了 13 d,区域性 O_3 污染发生概率为 3.56%,2018 年也有 11 d(3.01%),2016 年最低,只为 3 d(0.82%)。另外,年平均 O_3-8 h 浓度超标市(县)数中,2017 年最多,为 7.38 个,超标率达 41%,这也说明 2017 年的区域性 O_3 污染范围最大,强度最强。从单日 O_3-8 h 浓度超标市(县)最大值上看,2015 年达到了 13 个,2017 年和 2018 年也分别达到了 12 个和 11 个,2016 年最小,为 9 个。2015 年和 2017 年中高纬西风带相对较为平直,地面冷高压主体偏北,海南地区冷空气影响偏弱。统计发现,2015 年海南省平均气温和日照时数为 4 年的最大值,分别为 25.24 ℃和 2273.19 h,气温偏高有利于光化学反应的发生。2016 年和 2018 年影响海南省的热带气旋偏多,年平均降水量分别为 1960.94 mm·a^{-1}(2016 年)和 2076.64 mm·a^{-1}(2018 年),偏多于常年均值,降水的发生会冲刷大气中的污染物,不利于 O_3 浓度的积累。

表 5.2 给出了 2015—2018 年区域 O_3 污染天气型统计,可以看出,海南省出现区域性 O_3 污染的天气型从多到少的排列为:冷空气偏西下型＞冷空气偏东下型＞变暖高压脊型＞热带系统型。冷空气偏西下型是海南省出现区域 O_3 污染的主要天气型,共有 14 d,占所有天数的 35%,平均 O_3-8 h 浓度最高,O_3 浓度超标市(县)个数也最多,分别为 153.71 μg·m^{-3} 和 7.79 个。冷空气偏东下型海南省出现区域 O_3 污染的天数也比较多,为 12 d,但是平均 O_3-8 h 浓度最低,只为 144.67 μg·m^{-3},O_3 浓度超标市(县)个数偏少,只为 7 个,这可能与不同天气型的天气系统配置差异有关。变暖高压脊型共有 9 d 出现区域 O_3 污染,占所有天数的 22.5%。平均 O_3-8 h 浓度和 O_3 浓度超标市(县)数分别为 150.57 μg·m^{-3} 和 7.11 个。热带系统型出现区域 O_3 污染的天数最少,只为 5 d(12.5%),值得关注的是平均 O_3-8 h 浓度达到了 153.03 μg·m^{-3},在 4 种天气型中只略低于冷空气偏西下型,而 O_3 浓度超标市(县)个数只为 6.6 个,这也说明出现污染的市(县)O_3 浓度会显著偏高于其余市(县),污染强度较大。

表 5.2 2015—2018 年区域 O_3 污染天气型统计

项目	冷空气偏西下型	冷空气偏东下型	变暖高压脊型	热带系统型
区域 O_3 污染天数(d)	14(35%)	12(30%)	9(22.5%)	5(12.5%)
平均 O_3-8 h 浓度(μg·m^{-3})	153.71	144.67	150.57	153.03
平均 O_3 污染市(县)个数(个)	7.79(43.3%)	7(38.9%)	7.11(39.5%)	6.6(36.7%)

综上可知,2015—2018 年海南省共有 40 d 发生了区域性 O_3 污染,发生概率为 2.73%。2015 年和 2017 年达到了 13 d,发生概率为 3.56%,2018 年也有 11 d(3.01%),2016 年只为 3 d(0.82%)。区域性 O_3 污染的天气类型分析表明,冷空气偏西下型最多,共有 14 d,占所有天数的 35%,且污染较重。冷空气偏东下型为

12 d,变暖高压脊型和热带系统型出现区域性 O_3 污染天数分别为 9 d 和 5 d。

5.3 不同天气型下海南省臭氧污染落区

图 5.1 给出了 2015—2018 年海南省 4 种天气型 O_3-8 h 浓度空间分布。可以看出,不同天气型下的 O_3 污染范围和强度也不同。冷空气偏西下型 O_3-8 h 浓度表现为北部、西部和南部偏高,中部和东部偏低的分布特征。O_3-8 h 浓度超过 160 $\mu g \cdot m^{-3}$ 的市(县)共有 8 个,分别为临高县、澄迈县、屯昌县、文昌市、白沙县、东方市、乐东县和保亭县,其中最大值出现在临高县,为 181 $\mu g \cdot m^{-3}$。最低值出现在五指山市,为 127 $\mu g \cdot m^{-3}$。冷空气偏东下型 O_3-8 h 浓度表现为北部和西部偏高,中部、东部和南部偏低的分布特征。相比而言,O_3-8 h 浓度高值区较冷空气偏西下型明显偏小,超标市(县)主要出现在北部的澄迈县、海口市、文昌市,以及西部的东方市。最高值为澄迈县的 181.5 $\mu g \cdot m^{-3}$,最低值出现在西部的白沙县,为 104 $\mu g \cdot m^{-3}$。变暖高压脊型 O_3-8 h 浓度呈四周沿海高,中部山区低的分布特征。O_3-8 h 浓度超标的市(县)共有 5 个,分别为临高县、儋州市、东方市、万宁市和文昌市。最大值出现在文昌市,为 164.8 $\mu g \cdot m^{-3}$,白沙县的 O_3-8 h 浓度最小,只为 124.9 $\mu g \cdot m^{-3}$。

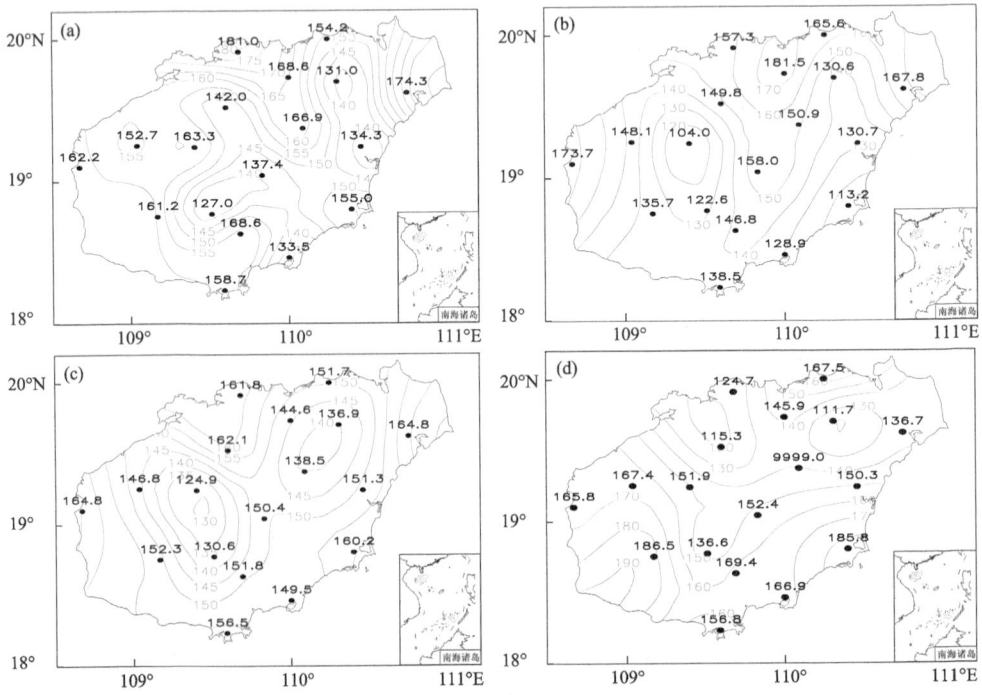

图 5.1　2015—2018 年海南省 4 种天气型 O_3-8 h 浓度空间分布(单位:$\mu g \cdot m^{-3}$)
(a.冷空气偏西下型;b.冷空气偏东下型;c.变暖高压脊型;d.热带系统型)

热带系统型海南省 O_3-8 h 浓度表现为南半部偏高,北半部偏低的分布特征。其中西部的乐东县和东部的万宁市 O_3-8 h 浓度均超过了 180 μg·m^{-3},污染强度较大,这与前一节的分析结果一致。热带系统型共有 7 个市(县) O_3-8 h 浓度超过 160 μg·m^{-3},最大值出现在乐东县,为 186.5 μg·m^{-3}。最小值出现在北部的定安县,O_3-8 h 浓度为 111.7 μg·m^{-3}。

根据发生区域性 O_3 污染时段,统计出每一类天气型发生 O_3 污染的天数,定义此类天气型下某一市(县) O_3-8 h 浓度超标天数与所有天数的比值为该市(县) O_3-8 h 浓度超标概率。图 5.2 为 2015—2018 年海南省 4 种天气型 O_3-8 h 浓度超标概率。可以看出,不同天气型下的市(县) O_3-8 h 浓度超标概率分布特征与 O_3-8 h 浓度分布一致(图 5.1),即 O_3-8 h 浓度偏高的市(县),超标概率也偏大,反之则超标概率偏小。冷空气偏西下型 O_3-8 h 浓度超标概率大值区主要分布在北部、西部和南部,大部分市(县)均在 50%以上,其中文昌市达到了 78.6%。中部和东部超标率偏低。冷空气偏东下型相比于冷空气偏西下型,南部市(县)超标率明显下降,大值区主要在北部和西部,其中澄迈县和东方市均超过了 90%。变暖高压脊型超标概率大值区主要在北部、西部和南部沿海,内陆地区和东部沿海偏小。最大值出现在文昌

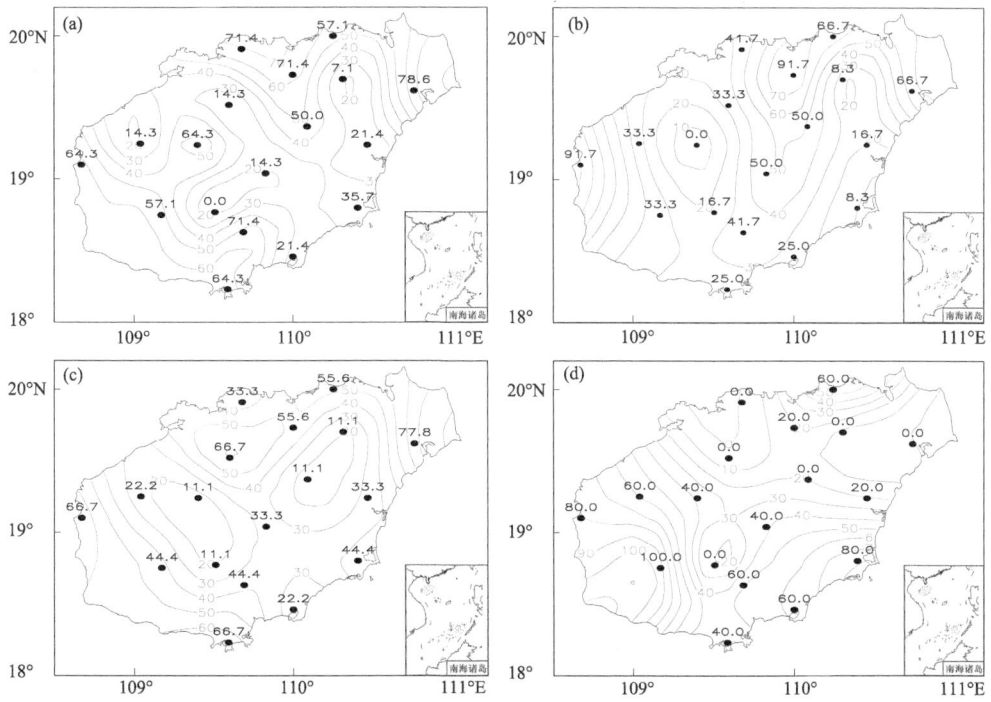

图 5.2 2015—2018 年海南省 4 种天气型 O_3-8 h 浓度超标概率(单位:%)
(a.冷空气偏西下;b.冷空气偏东下;c.变暖高压脊;d.热带系统)

市,为 77.8%。热带系统型 O_3-8 h 浓度超标概率呈南半部偏高,北半部偏低的分布特征。北半部除了海口市,其余市(县)均在 20% 以下,而南半部市(县)超标概率偏高,乐东县为 100%,表明在热带系统天气型下,乐东县均会出现 O_3-8 h 浓度超标的污染天气。乐东县位于五指山山脉的西南麓,其高超标概率可能与气流的绕流辐合有关,其内在机理还有待于进一步研究。

对不同天气型下海南省臭氧污染落区分析表明,不同天气型下的 O_3 污染范围和强度也不同。冷空气偏西下型 O_3-8 h 浓度表现为北部、西部和南部偏高,中部和东部偏低的分布特征,超标市(县)共有 8 个。冷空气偏东下型 O_3-8 h 浓度北部和西部偏高,中部、东部和南部偏低。变暖高压脊型 O_3-8 h 浓度呈四周沿海高,中部山区低的分布特征,且超标市(县) O_3-8 h 浓度值偏小。热带系统型海南省 O_3-8 h 浓度表现为南半部偏高,北半部偏低的分布特征。

5.4　海南省臭氧污染天气的大气环流特征

5.4.1　冷空气偏西下型

冷空气偏西下型主要出现在秋季和冬季。500 hPa(图 5.3a)东亚大槽位于我国东部沿海,海南省受槽后西北气流控制,风速偏弱。副热带高压强盛,海南省位于其内部,盛行下沉气流。850 hPa(图 5.3b)影响海南地区的气流主要从我国内蒙古中东部,经过长江中下游、湖北、湖南、广东等地到达海南,而且大部分地区相对湿度在 50% 以下。海南地区为东北风场控制,850 hPa 气温在 14~16 ℃。地面冷高压位于内蒙古中部,华南沿海等压线密集,且为东北风控制,风速较大,有利于北方污染物向海南地区输送。另外,地面温度露点差超过 5 ℃(图 5.3c),以高温晴好天气为主,日照时间长,太阳辐射较强,有利于海南本地光化学反应,O_3 浓度升高。中层(500 hPa)深厚高压系统控制下的下沉气流,也会抑制低层 O_3 的垂直输送,促进地面 O_3 浓度超标。冷空气偏西下型多出现在秋季,此时海南省由于纬度偏低,气温并没有明显下降,来自北方的干冷空气携带着大量污染物,在较强的太阳辐射下,光化学反应强烈。冷空气偏西下型是造成海南省 O_3 污染的典型天气类型。

5.4.2　冷空气偏东下型

冷空气偏东下型主要出现在春季和秋季。相比而言,冷空气偏东下型 500 hPa(图 5.4a)东亚大槽强度偏弱,槽底偏北。海南省受槽西气流控制,风速偏小,没有明显的下沉气流。850 hPa(图 5.4b)海南省气温与冷空气偏西下型相差不大,也分布在 14~16 ℃。从 850 hPa 相对湿度上看,山东半岛以东洋面也出现明显干区,相对湿度在 50% 以下。长江中游地区的干区中心相对湿度低于 30%,从此区域到海南省的东北气流风速偏弱于冷空气偏西下型,这可能是由于 500 hPa 东亚大槽槽底偏北,槽后受引导的冷空气南下偏弱有关。地面冷高压(图 5.4c)中心强度与冷空气偏西

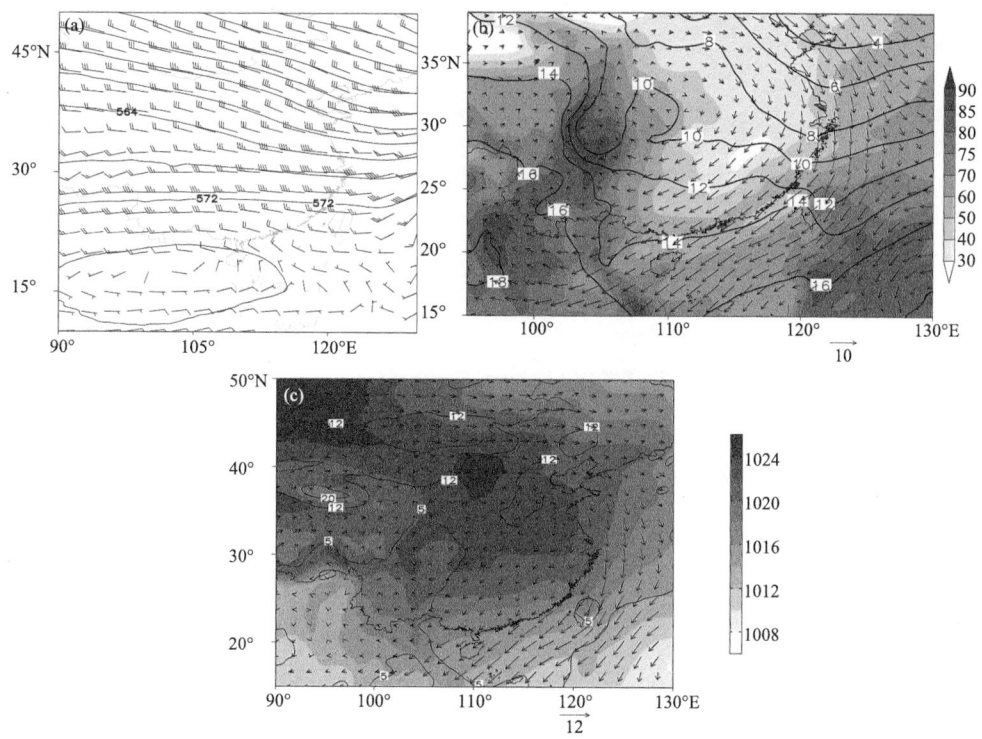

图 5.3 冷空气偏西下型环流配置 (a)500 hPa 高度场(等值线,单位:dagpm)和风场(单位:m·s^{-1});
(b)850 hPa 相对湿度(填色,单位:%),温度(实线,单位:℃)和风场(单位:m·s^{-1});(c)海平面气压
(填色,单位:hPa),温度露点差(实线,单位:℃)和地面 10 m 风(单位:m·s^{-1})

下型一致,中心值为 1024 hPa,但中心位置有明显的差异。冷高压中心主要位于长江中下游以北的安徽和江苏等地。海南省地面温度露点差超过 5 ℃,空气干燥,东北风强劲,有利于 O_3 及其前体物输送至海南省,本区的高温低湿条件加剧了光化学反应,O_3 浓度上升较快,污染事件发生。冷空气偏东下型也是海南省 O_3 污染较为常见的天气类型之一,2015—2018 年共有 12 d(30%)的区域性 O_3 污染天数属于此天气型。

5.4.3 变暖高压脊型

变暖高压脊型在春季、秋季和冬季均有出现。500 hPa(图 5.5a)东亚大槽明显偏东,槽底偏南,海南省受槽后西北气流控制,风速偏大。副热带高压位置偏南,下沉气流并不明显。850 hPa(图 5.5b)海南省气温在 14~16 ℃,与前两种天气型一致。低湿中心位于山东半岛以东洋面上,相对湿度中心值在 30%以下。受东北气流影响,相对湿度低值区从我国东南沿海向海南省延伸,海南省北部和东部相对湿度在 64%以下。影响气流主要从长江三角洲,经过浙江省、福建省和广东省沿海到达

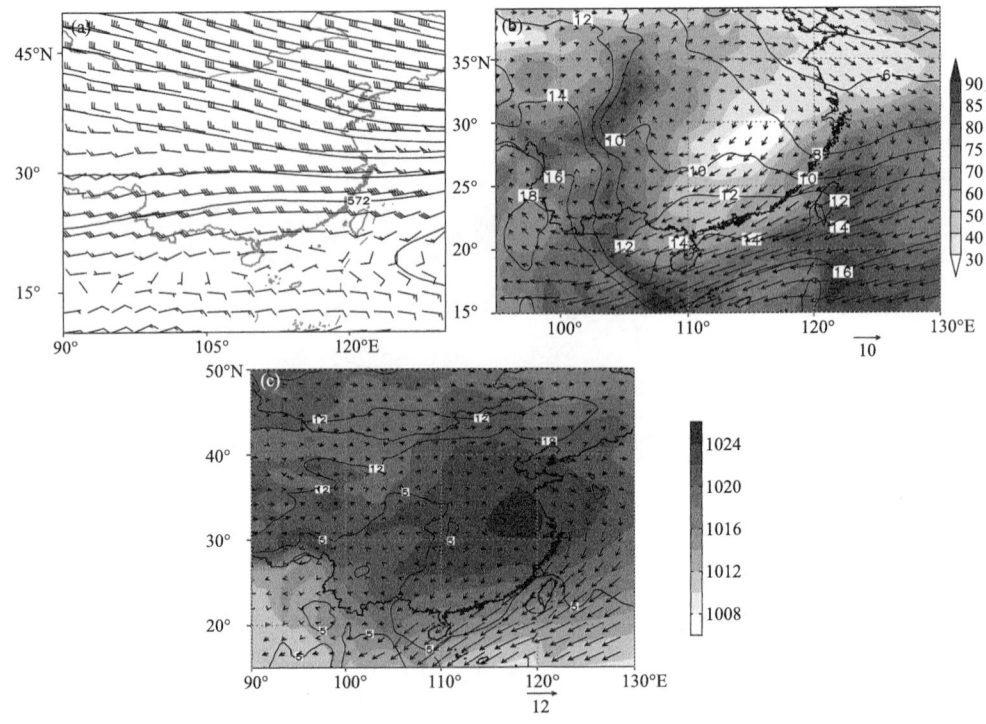

图 5.4 同图 5.3,但为冷空气偏东下型

海南省。长江三角洲地区和珠江三角洲地区是我国著名的经济高度发达地区,城市大气污染问题严重,海南省位于这些区域的下游方向,气流携带着大量污染物会对海南省的空气质量造成影响。符传博等(2020)利用后向轨迹模型分析 2013—2018 年海口市大气污染物浓度超标时段影响气流轨迹,发现来自我国东南沿海气流也会造成海口市大气污染事件的发生,这与本研究的结果一致。地面冷高压(图 5.5c)从长江下游出海,强度已经明显减弱,海南省地面温度露点差在 5 ℃ 以上,空气干燥,东北风风速偏弱。2015—2018 年共有 9 d(22.5%)的区域性 O_3 污染天数属于此天气型。

5.4.4 热带系统型

热带系统型主要出现在秋季。500 hPa(图 5.6a)西风带相对较为平直,东亚大槽槽底偏北。热带气旋中心位于菲律宾吕宋岛上,海南省受热带气旋外围下沉气流影响,不利于污染物的垂直扩散。850 hPa(图 5.6b)海南省气温偏高于其他 3 种天气型,分布在 16~18 ℃。更高的气温加剧了光化学反应,O_3 生成速率更大。从影响气流上看,气流主要从黄海海域,途经浙江、河南、湖北、湖南、广西到达海南,海南省 850 hPa 为东北风风场控制,相比其他天气型而言,东北风的偏北分量更大。从相对

第 5 章 海南省臭氧污染天气型分类

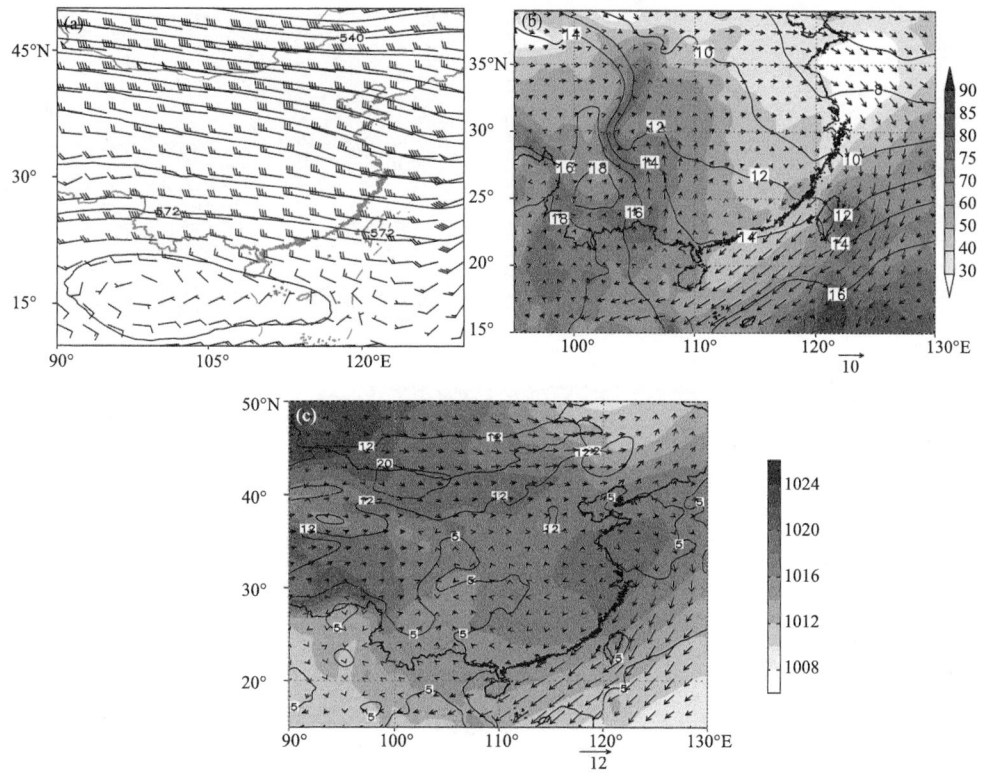

图 5.5 同图 5.3,但为变暖高压脊型

湿度场上看,小于 50% 的低湿区分布与风场特征基本一致,这也说明热带系统型影响海南省 O_3 浓度的区域相对较为偏西,特别是广西东部区域,其工业水平较高,空气质量较差(符传博 等,2016b)。从地面形势场上看(图 5.6c),1024 hPa 高压区位于山东半岛一带,冷高压主体偏北,海南省海平面气压分布在 1008~1010 hPa。地面温度露点差在 5 ℃ 以上,受热带气旋西北侧东北气流控制。2015—2018 年海南省区域性 O_3 污染共有 5 d(12.5%)属于热带系统型,在 4 种天气型中最少。

分别对海南省出现区域性 O_3 污染的 4 种天气型进行诊断分析,结果表明,500 hPa 有副热带高压控制,或者处于热带系统外围下沉区;850 hPa 海南省气温在 14 ℃ 以上,有明显的相对湿度低值区从我国东部向海南省延伸,受东北风控制,风速偏大。地面形势场表现为冷高压底部或者热带气旋西北侧,温度露点差在 5 ℃ 以上,均有利于海南省 O_3 浓度上升,出现区域性 O_3 污染天气。本章的工作只是基于主观分型进行研究,客观分型的工作还有待于进一步开展。

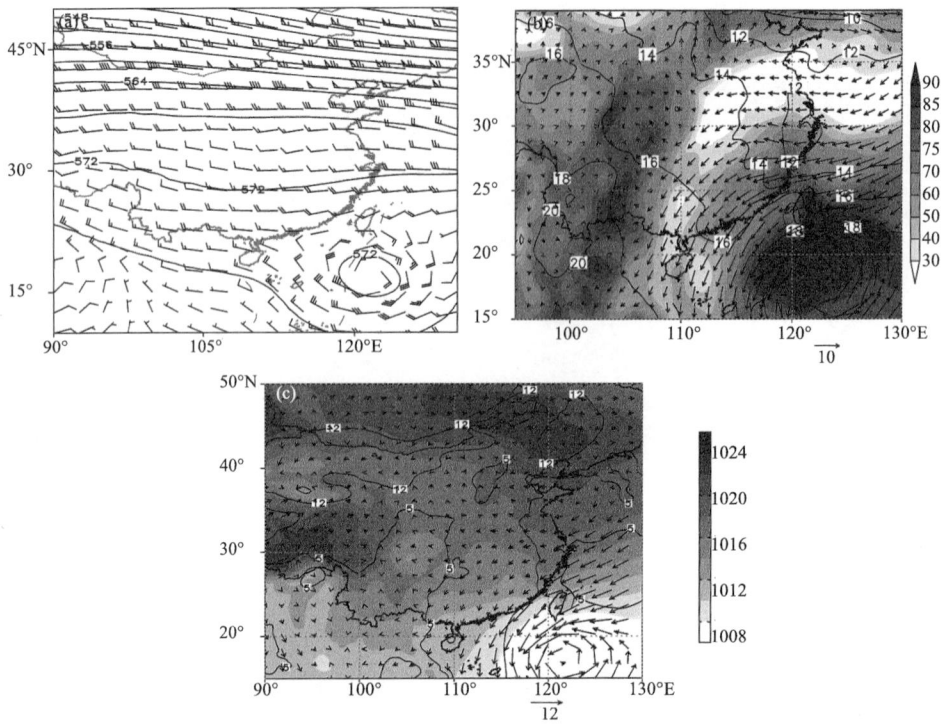

图 5.6 同图 5.3,但为热带系统型

第6章 区域传输对海南省大气污染物浓度的影响

某一地区的大气污染物来源主要有本地排放和外源输送两个方面,而在有利的气象条件下,往往能够造成大气污染物在低空聚集,致使大气污染事件发生(周莉等,2018;涂小萍 等,2019)。一般而言,一个地区的污染物排放在较短时间内变化幅度不大,因此,静稳天气形势和外源污染传输就成为污染范围和程度的决定性因素。国内外学者基于后向轨迹模型对不同城市大气污染源地和输送机制问题展开了大量研究,积累了很多经验。王茜(2013)利用拉格朗日混合单粒子轨道模型(Hybrid Single Particle Lagrangian Integrated Trajectory Model,HYSPLIT)对上海市不同季节气流轨迹进行分类,同时分析其对污染物浓度的影响,发现夏季受较清洁的海洋性气流影响,上海污染物浓度偏低,而其余三季污染物偏高与大陆性气流有关。任传斌等(2016)分析北京城区 $PM_{2.5}$ 的四季的输送路径表明,不同季节 $PM_{2.5}$ 贡献源不同,其中来自山东与冀南的气流轨迹四季均对应 $PM_{2.5}$ 高值。王世强等(2015)分析广州市区污染物输送的垂直特征,发现近地面污染物的输送主要发生在边界层内部,以近距离输送为主。长江三角洲地区污染物浓度变化与区域性污染物传输有较大关系(葛跃 等,2017;卢文 等,2018)。此外,还有很多类似的工作和结果(王郭臣 等,2016;周沙 等,2017;周述学 等,2017;Tan et al.,2017;钤伟妙 等,2018)。

海南省是我国最大的经济特区,2010 年提出了国际旅游岛的建设,2018 年提出建设海南自由贸易试验区和中国特色自由贸易港,海南城市发展和经济增长迅速,同时伴随的是城市的大气环境问题日益加重(符传博 等,2015a,符传博 等,2018)。环保部环境规划院发布的 2015 年全国 $PM_{2.5}$ 跨省输送矩阵表明,海南 $PM_{2.5}$ 跨省输送比例高达 72%(环保部环境规划院,2016),为全国最高。符传博等(2015a)利用近 10 年的卫星资料研究海南地区 NO_2 时空变化,发现冬季污染物浓度偏高与珠江三角洲地区的外源输送作用有密切联系。2013 年 12 月(符传博 等,2015b)和 2014 年 1 月(符传博 等,2016b)海口市发生的两次以 $PM_{2.5}$ 为主要污染物的大气污染事件,其主要原因与外源输送有密切关系。前面的研究表明海南地区大气污染事件发生时,外源输送是大气污染物的主要来源,但是输送机制、路线和源地等问题还没有得到系统的研究。

海口市空气质量日平均资料是由市区 4 个环境空气质量检测国控点实时检测数

据平均所得,分别为秀英站、龙华站、海南大学站和海南师范大学站,其位置均位于市区中,站点如图 2.1 所示,能较好地代表海口市区大气污染物浓度的特点(宋娜 等,2015)。本章基于 2013—2018 年海南省生态环境厅每日发布的海口市空气质量数据,在全面分析海口市空气质量动态变化特征的基础上,采用 HYSPLIT 后向轨迹模型研究海口市影响气流的输送路径及其对污染物浓度的影响,探讨污染时段的大气输送类型并给出潜在污染源区。为了研究海口市区大气污染物的源地问题,根据后向轨迹模型,以海口市区(20.0°N,110.25°E)为起点,计算了 500 m 高度 48 h 后向轨迹,2013 年 1 月至 2018 年 12 月共计 2191 条,用于分析不同季节影响海口市的气流轨迹以及大气污染期间的气流轨迹及潜在源区。聚类分析是根据各个气流轨迹的传输速度和方向进行筛查,梳理出空间相似度最为接近的轨迹进行分类(Rafael et al,2007)。此外,还用到了潜在源贡献因子算法(PSCF),资料与研究方法更为具体的介绍可参考第 2 章相关内容。

6.1 2013—2018 年海口市空气质量概况

本研究根据《环境空气质量指数技术规定》对 2013—2018 年海口市空气质量资料进行等级分类,表 6.1 为 2013—2018 年海口市日平均 AQI 等级天数、百分率及首要污染物统计。在海口市首要污染物的统计中,没有出现首要污染物为 SO_2、NO_2 和 CO 的天数,因此,只给出了 PM_{10}、$PM_{2.5}$ 和 O_3 的首要污染物天数和百分率。可以清楚地发现,海口市 6 年的空气质量主要以优和良为主,天数分别为 1611 d 和 518 d,占所有统计天数的 73.5% 和 23.6%。6 年中仍有 56 d 和 6 d 达到了轻度污染和中度污染级别,分别占所有统计天数的 2.6% 和 0.3%。从年际变化上看,海口市空气质量有逐年转好的变化趋势,优等级 2013 年只有 235 d(64.4%),2018 年上升至 282 d(77.3%)。相对而言,2013 年是海南地区大气污染较为严重的一年,有 22 d 达到了轻度污染级别,3 d 为中度污染级别。2013 年我国中东部发生了多次长时间、大范围的高浓度大气颗粒物污染过程(李莉 等,2015),在此背景下,海南地区的空气质量也出现明显下降,从首要污染物天数统计上看,$PM_{2.5}$ 占所有统计天数的 40.8%(53 d),是最主要的污染物。2014 年、2015 年和 2016 年轻度污染分别为 6 d、5 d 和 4 d,中度污染也只有 1 d,相对而言,这 3 年污染较轻。另外,首要污染物统计表明,2015 年 O_3 所占的比率已经超过 $PM_{2.5}$,成为海南地区最主要的大气污染物,与我国其他城市一样,海口市也转为了大气复合型污染(沈劲 等,2017)。2017 年和 2018 年轻度污染分别为 13 d 和 6 d,但是全年没有出现中度污染级别。O_3 占所有首要污染物的比率分别为 74% 和 57.8%,海口市 O_3 的污染问题越来越值得关注。

研究表明,2013—2018 年海口市的空气质量等级主要以优和良为主,占所有天数的 97.1%,但是仍有 2.9% 的天数达到了轻度污染及以上级别。从 2015 年开始,海口市也转为大气复合型污染，O_3已经成为海口市最主要的大气污染物，2017年和2018年O_3占所有首要污染物的比率分别为74%和57.8%，其污染问题越来越受到关注。

表 6.1 2013—2018 年海口市日平均 AQI 等级天数、百分率及首要污染物统计

年份	不同等级天数(d)和百分率(%)				首要污染物天数(d)和百分率(%)		
	优	良	轻度污染	中度污染	PM_{10}	$PM_{2.5}$	O_3
2013	235(64.4)	105(28.8)	22(6)	3(0.8)	35(26.9)	53(40.8)	42(32.3)
2014	273(74.8)	85(23.3)	6(1.6)	1(0.3)	29(31.5)	49(53.3)	14(15.2)
2015	280(76.7)	79(21.6)	5(1.4)	1(0.3)	22(25.9)	30(35.3)	33(38.8)
2016	280(76.5)	81(22.1)	4(1.1)	1(0.3)	23(26.7)	17(19.8)	46(53.5)
2017	261(71.5)	91(24.9)	13(3.6)	0(0)	18(17.3)	9(8.7)	77(74.0)
2018	282(77.3)	77(21.1)	6(1.6)	0(0)	20(24.1)	15(18.1)	48(57.8)
2013—2018 年	1611(73.5)	518(23.6)	56(2.6)	6(0.3)	147(25.3)	173(29.8)	260(44.8)

6.2 影响气流后向轨迹与聚类分析

6.2.1 不同季节影响气流后向轨迹特征

本研究模拟了 2013—2018 年共 2191 条以海口市为目标城市的后向轨迹，由于轨迹较多，因此，选取 2017 年 12 月至 2018 年 11 月共 365 条轨迹进行不同季节的影响气流分析。从图 6.1 中可以看出，海口市的影响气流有明显的季节变化。冬季（2017 年 12 月至 2018 年 2 月）受北方大陆性冷高压影响，海南地区低层多为东北风风场控制，影响气流主要有来自内地的大陆气流和东南沿海气流，总体气流轨迹较长。此外还有部分轨迹来自我国西北地区。春季（2018 年 3—5 月）影响海口市的北方冷空气主体偏弱，多为冷高压东移出海形成的回流天气（海南省气象局，2013），影响海口市的气流以东南沿海气流为主，还有少部分大陆气流和来自南海中部的海洋气流。夏季（2018 年 6—8 月）受西南季风影响，影响海口市的气流多来自西南方向，为海洋性气流。气流从孟加拉湾开始，越过中南半岛到达海南地区。还有部分气流来自南海东北部、两广地区和北部湾等区域，这部分气流轨迹较短。秋季（2018 年 9—11 月）随着北方冷空气的逐渐南下，影响海口市的气流也开始从海洋性转为大陆性。大部分气流轨迹主要从华东南部，途经福建、江西和广东到达海口市。还有少部分气流来自南海东北部和南部，以及中南半岛中部地区。

对影响气流的后向轨迹分析表明，海口市的影响气流有明显的季节变化特征，冬季主要受内地的大陆气流和东南沿海气流影响；春季以东南沿海气流为主，还有少部分大陆气流和来自南海中部的海洋气流；夏季影响海口市的气流多来自西南方向，为

海洋性气团;秋季影响气流主要从华东南部,途经福建、江西和广东到达海口。

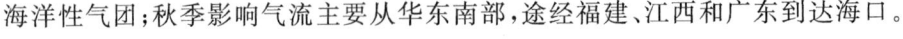

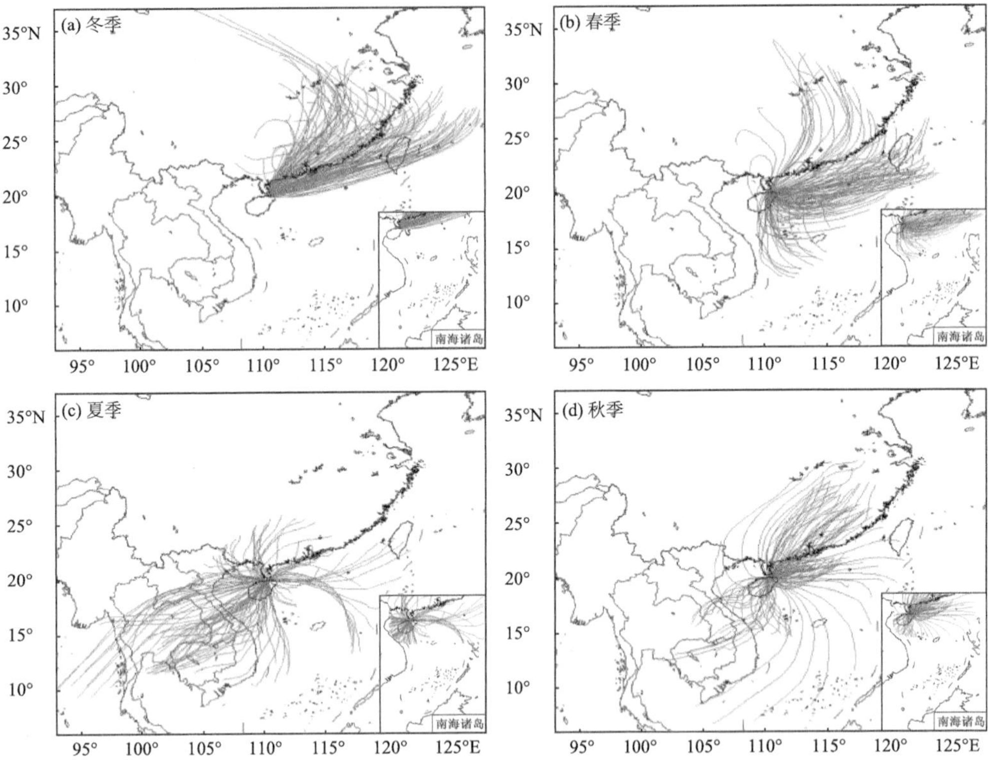

图 6.1　2018 年海口市四季 500 m 后向轨迹分布

6.2.2　影响气流后向轨迹的聚类分析

考虑到海口市的影响气流有明显的季节变化特征,本节对 2017 年 12 月至 2018 年 11 月影响海口的所有气流后向轨迹进行了聚类分析,结果如图 6.2 所示。另外,根据每个类型的轨迹日期,计算出 6 类后向轨迹类型影响下,海口市 AQI 值和 3 类大气污染物的浓度值,结果如表 6.2 所示。

从图 6.2 可以发现,2018 年影响海口市的气流可以分为 6 类,出现概率从大到小排列为第二类(31%)>第一类(26%)>第五类(18%)>第三类(13%)>第四类(9%)>第六类(3%)。第一类是来自东南沿海的长距离气流,结合图 6.1 可知,这一类气流多出现在冬季,春季和秋季也有部分时段出现。冬季北方冷空气南下,从我国东南沿海地区出海,冷高压底部常常出现偏东回流的风场,有利于我国华东和华南等地的大气污染物输送至海南地区。从表 6.2 可知,第一类气流 AQI 明显偏高,为 47.895,排在 6 类气流里面的第二位,PM_{10}、$PM_{2.5}$ 和 O_3 浓度分别为 40.442 $\mu g \cdot m^{-3}$、21.074 $\mu g \cdot m^{-3}$ 和 78.032 $\mu g \cdot m^{-3}$。第二类气流是来自南海北部的中短距离气流,这类气流多出现在秋季,其他三季也时有出现,而且是全年中出现概率最大的一类气流(31%)。尽管第二类气流来自海上,但是秋季北方冷空气活动开始活跃,低层冷空气向南扩散导致南海北部大气污染物浓度偏高,而且中短距离气流对应海口市低层风速较小,有利于污染物的累积。这类气流对海口市污染物浓度偏高也较为有利,AQI 为 39.816,排在 6 类气流的第三位。第三类气流来自较为清洁的南海中部,和第二类气流一样,为中短距离气流,此类气流影响下,海口市空气质量最好,AQI 只为 33.13,大气污染物浓度最低,PM_{10}、$PM_{2.5}$ 和 O_3 浓度分别为 28.457 $\mu g \cdot m^{-3}$、14.739 $\mu g \cdot m^{-3}$ 和 54.696 $\mu g \cdot m^{-3}$。第四类气流尽管全年出现的概率偏低(9%),但是 AQI 是 6 类气流中最高的,为 63.531,达到良等级。PM_{10}、$PM_{2.5}$ 和 O_3 浓度分别为 49 $\mu g \cdot m^{-3}$、27.25 $\mu g \cdot m^{-3}$ 和 107.344 $\mu g \cdot m^{-3}$。这类气流从湖南和江西交界,穿过广东到达海南,为大陆性长距离气流,而且多出现在冬季,常常伴有冷空气过程,容易携带北方地区排放的人为源,致使海口市大气污染物浓度偏高。第五类气流从中南半岛,经过南海西部到达海南地区,也为长距离气流。这类气流多出现在夏季,气流经过的区域污染物浓度偏低,而且夏季海南地区气温偏高,热对流活跃有利于海南本地污染物向外输送。另外,夏季是海南主要的降水季节,雨水的冲刷作用不利于污染物浓度的增长。在这类气流影响下,海口市 AQI 偏低,只为 33.354。第六类气流来自西南方向的广西北部,为中短距离气流。这类气流全年出现概率最少,只为 3%,夏季和春季时有出现。AQI 和 3 类污染物浓度分别为 37.4、18.9 $\mu g \cdot m^{-3}$、10.7 $\mu g \cdot m^{-3}$ 和 73.7 $\mu g \cdot m^{-3}$。

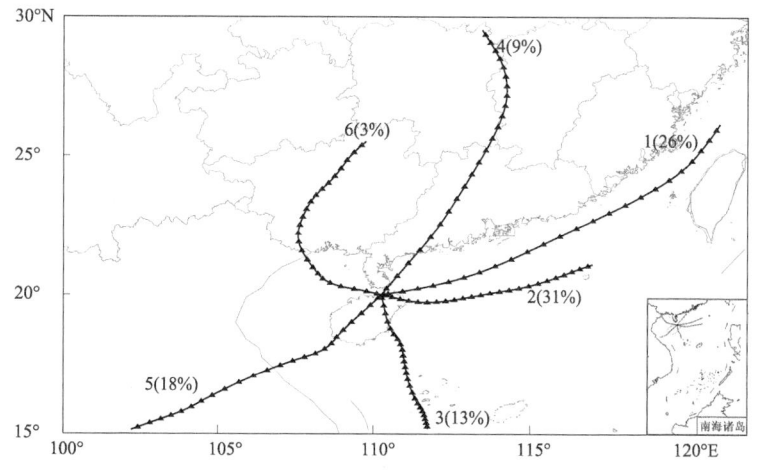

图 6.2　2018 年海口市 500 m 大气 6 类气流后向轨迹聚类分析

聚类分析表明,冬半年海口市容易受到大陆性长距离气流和东南沿海长距离气流影响,外源输送对海口市空气质量的影响比较大,AQI 和 3 类污染物的浓度值相对偏高。夏半年的影响气流主要来自西南方向的中南半岛和南海中部等地,气流经过区域相对较为清洁,海口市 AQI 和 3 类污染物的浓度值相对偏低。

表 6.2 2018 年海口市 6 类气流后向轨迹和污染物浓度值

轨迹类型	出现概率(%)	AQI	PM_{10} 浓度($\mu g \cdot m^{-3}$)	$PM_{2.5}$ 浓度($\mu g \cdot m^{-3}$)	O_3 浓度($\mu g \cdot m^{-3}$)
1	26	47.895	40.442	21.074	78.032
2	31	39.816	33.018	18.36	67.728
3	13	33.13	28.457	14.739	54.696
4	9	63.531	49	27.25	107.344
5	18	33.354	26.769	11.985	63.723
6	3	37.4	18.9	10.7	73.7

6.3 大气监测期间的气流轨迹及潜在源区

从表 6.1 中可知,2013—2018 年,海口市日平均 AQI 共有 62 d 超过二级阈值,其中达到轻度污染和中度污染的天数分别为 56 d 和 6 d,其中以 PM_{10}、$PM_{2.5}$ 和 O_3 为首要污染物的天数分别有 4 d、35 d 和 34 d。图 6.3 为 2013—2018 年 AQI 和 3 类污染物的 WPSCF 分析。WPSCF 越大,则表示海口市大气污染物浓度受该区域的影响越大。从图 6.3a 上看,广东省是造成海口市 AQI 超标的主要源区,像珠江三角洲地区,广东西部等地 WPSCF 可超过 0.09。福建中南部、湖南东南部、广西东部和江西中南部等地也有较大的 WPSCF 分布,也是源区之一,有一定的潜在贡献。另外,像江苏、上海、浙江以及我国西北地区也有较小的 WPSCF 分布,距离较远,潜在贡献相对较小。2013—2018 年海口市 PM_{10} 超标天数相对较少,只有 4 d 超过阈值,从 WPSCF 分布上看(图 6.3b),湖南东南部、江西中部、福建中部和广东大部有 WPSCF 分布,但量级均在 0.03 以下。近年来海南省经济发展迅速,城市建设、房地产开发等产业步伐加快,导致海南颗粒物排放加重。$PM_{2.5}$ 的 WPSCF 值分布如图 6.3c 所示,其分布特点与 AQI 较为相似,广东大部分地区是海口市 $PM_{2.5}$ 超标主要源区,WPSCF 达到 0.09 以上,福建中南部、湖南东南部、广西东部和江西中南部也有一定的潜在贡献。O_3 超标的潜在贡献也以广东最为突出,广东全省均有较大的 WPSCF 分布,其中珠江三角洲地区超过 0.09。此外,湖南东南部、江西南部、福建、浙江南部和上海、江苏南部等地也是 O_3 的源区之一。

图 6.4 为 2013—2018 年海口市空气质量达到轻度污染和中度污染时段的 500 m 高度 48 h 后向轨迹分布。后向轨迹的分布和 WPSCF 基本一致,海口市轻度污染时段的气流从江苏南部、浙江、福建等地,经过江西、福建、广东和广西东部到达海口。中度污染时段气流相对较短,表明低层风速相对较小,有利于污染物进一步积累,造成海口市大气污染物浓度超标。气流源自江西和福建,经过广东珠江三角洲地

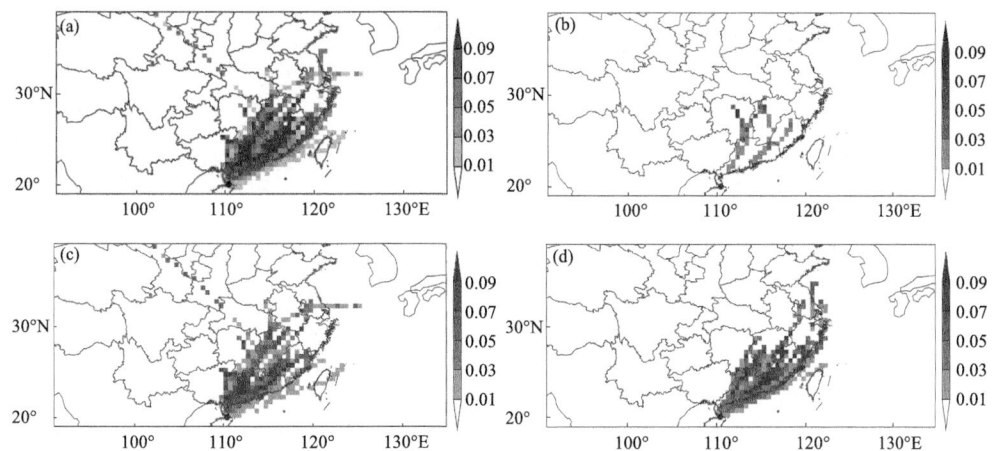

图 6.3 2013—2018 年海口市 AQI 和 3 类污染物的 WPSCF 分布
(a. AQI;b. PM_{10};c. $PM_{2.5}$;d. O_3)

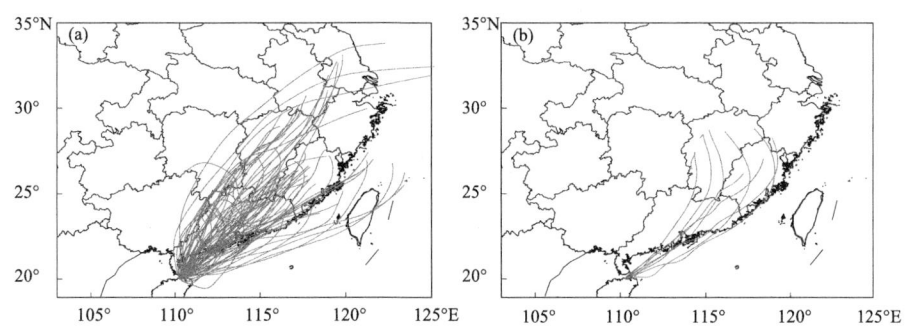

图 6.4 2013—2018 年海口市空气质量达到轻度污染(a)和中度污染(b)
时段的 500 m 高度 48 h 后向轨迹分布

区到达海口,污染物伴随冷空气南下影响海南地区。总体而言,海口市空气质量达到轻度污染及其以上的时段多出现在冬季和秋季,此时北方冷空气活动频繁,北方大气污染物容易随着冷空气扩散南下,影响海南北半部地区。气流轨迹和 WPSCF 的空间分布均表明,广东是海口市大气污染物超标的主要贡献源区,此外,福建、江西、湖南和广西东部等地的潜在贡献也较大,华东地区的江苏南部、上海、浙江等地也有一定的潜在贡献。

气流轨迹和 WPSCF 的空间分布均表明,广东是海口市大气污染物超标的主要贡献源区,此外,福建、江西、湖南和广西东部等地的潜在贡献也较大,华东地区的江苏南部、上海、浙江等地也有一定的潜在贡献。

第 7 章 海南省重点城市臭氧浓度变化特征

7.1 海口市臭氧浓度变化特征

海南省是我国最大的经济特区,2010 年提出了国际旅游岛建设,2018 年提出建设海南自由贸易试验区和中国特色自由贸易港,海南城市发展和经济增长迅速,同时伴随的是城市大气环境问题日益加重(符传博 等,2015a;2015b)。海口市作为海南省省会城市,其人口密度、汽车保有量等都是全省最高的,而且作为热带滨海城市,常年太阳辐射强烈,光化学反应更为有利,O_3 污染已经成为海口市面临的主要大气环境问题之一(符传博 等,2016b)。本节对 2013—2018 年海口市 4 个监测站 O_3 浓度进行系统分析,摸清其浓度水平及变化趋势,以期为当地政府制定切实可行的环境管理政策以及气象与环保部门的预报服务工作等提出理论依据。

7.1.1 海口市臭氧浓度年际变化

表 7.1 给出了 2013—2018 年海口市 4 个观测站 O_3 浓度数据的逐小时个数及有效率。可以清楚地看出,各个站点的数据有效率基本都超过 90%,能满足本研究的需要。2013 年 O_3 浓度数据是 2013—2018 年有效率最差的,其中海大站和秀英站小时数据个数分别为 7799 个和 7688 个,有效率分别为 89.03% 和 87.76%,低于 90%,而海师站和龙华站有效率分别为 96.35% 和 93.07%。2014 年之后 4 个站点有效率都在 90% 以上,特别是 2015—2018 年,小时数据有效率均在 98% 以上,数据质量较高。

图 7.1 为 2013—2018 年各个站点 O_3 平均浓度和趋势线。可以看出,2013—2018 年海口市区各站点 O_3 浓度均有较为明显的上升,海大站、海师站、龙华站和秀英站的气候倾向率分别为 1.26 $\mu g \cdot m^{-3} \cdot a^{-1}$、3.84 $\mu g \cdot m^{-3} \cdot a^{-1}$、3.02 $\mu g \cdot m^{-3} \cdot a^{-1}$ 和 2.93 $\mu g \cdot m^{-3} \cdot a^{-1}$,气候趋势系数达到了 0.314、0.702、0.84 和 0.673,其中海师站、龙华站和秀英站分别通过了 95%、98% 和 90% 的信度检验,而海大站的趋势系数没有通过信度检验(表 7.2)。从平均值上看,4 个站点从高到低的排列顺序为海大站>海师站>龙华站>秀英站,而标准差从大到小排列顺序为海师站>秀英站>海大站>龙华站。海大站 O_3 浓度平均值最高,而且变化幅度较小,而秀英站尽管 O_3 浓度最低,但是变化幅度偏大。另外,从 4 个站点的差值上看,站点间的差值有逐年减小的

趋势,即各个站点观测到的 O_3 浓度越来越接近。

年际变化分析表明,海口市区 O_3 浓度总体偏低,但是 2013—2018 年各个站点均有明显的上升趋势,海大站、海师站、龙华站和秀英站的气候倾向率分别为 1.26 $\mu g \cdot m^{-3} \cdot a^{-1}$、3.84 $\mu g \cdot m^{-3} \cdot a^{-1}$、3.02 $\mu g \cdot m^{-3} \cdot a^{-1}$ 和 2.93 $\mu g \cdot m^{-3} \cdot a^{-1}$,趋势系数分别为 0.314、0.702、0.84 和 0.673,其中海师站、龙华站和秀英站分别通过了 95%、98% 和 90% 的信度检验。

表 7.1 2013—2018 年海口市 4 个观测站 O_3 浓度数据逐小时个数及有效率

年份	个数(个)				有效率(%)			
	海大站	海师站	龙华站	秀英站	海大站	海师站	龙华站	秀英站
2013	7799	8440	8153	7688	89.03	96.35	93.07	87.76
2014	8124	8151	8074	8243	92.74	93.05	92.17	94.10
2015	8681	8631	8595	8720	99.09	98.53	98.12	99.54
2016	8716	8712	8696	8727	99.23	99.18	98.99	99.35
2017	8671	8603	8639	8666	98.98	98.21	98.61	98.92
2018	8600	8642	8632	8551	98.17	98.65	98.54	98.56

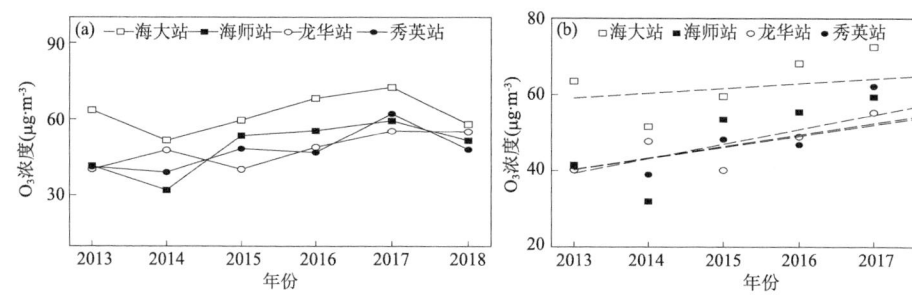

图 7.1 2013—2018 年各个站点 O_3 平均浓度(a)和趋势线(b)

表 7.2 2013—2018 年海口市 4 个观测站 O_3 浓度的平均值、标准差、趋势系数及气候倾向率

站名	纬度 (°)	经度 (°)	平均值 ($\mu g \cdot m^{-3}$)	标准差 ($\mu g \cdot m^{-3}$)	趋势系数	气候倾向率 ($\mu g \cdot m^{-3} \cdot a^{-1}$)	信度 (%)
海大站	20.060	110.319	62.26	18.42	0.314	1.26	不显著
海师站	19.997	110.338	48.9	19.92	0.702	3.84	95
龙华站	20.036	110.330	47.87	17.32	0.84	3.02	98
秀英站	20.005	110.283	47.56	18.79	0.673	2.93	90

7.1.2 海口市臭氧浓度月际变化

对流层 O_3 作为二次污染物,其浓度变化主要与前体物和气象条件密切相关。

一般而言,晴空少云、太阳紫外辐射强、气温偏高、湿度较小、风速较弱等均有利于 O_3 化学反应生成(耿福海 等,2012)。夏季高温、高辐射等条件加快了光化学反应速率,O_3 浓度上升明显。因此,在我国大气污染较为严重的北京(程念亮 等,2016;王占山 等,2018)、上海(赵辰航 等,2015)、广州(沈劲 等,2017)、成都(徐锟 等,2018)等地夏季的 O_3 浓度偏高于秋季、冬季。分析 2013—2018 年海口市 4 个观测站 O_3 平均浓度月际变化(图 7.2)可以发现,海口市区 O_3 浓度高值主要出现在秋季、冬季,2013年、2014 年、2015 年、2018 年 O_3 月平均最高值出现在 10 月,而 2016 年和 2017 年出现在 12 月。进一步分析发现,2016 年和 2017 年 10 月海口市月降水量明显偏多于其他年份,而 12 月海口市月降水量显著偏少,这说明海口市 O_3 浓度受气象因子的影响显著,体现了海口市 O_3 浓度变化的复杂性。1—8 月 O_3 浓度基本维持一个缓慢下降的过程。夏季海口市尽管气温较高,太阳辐射较强,有利于 O_3 化学反应的生成,但是此时海口市主要受西南季风影响,来自海洋上空的清洁气团稀释着海口市的空气,O_3 浓度降低。另外,夏季是海口市的主要降水季节,高湿度条件使 O_3 浓度维持在一个较低的水平。9 月之后北方冷空气活动频繁,海口市受东北季风影响,来自内陆地区的偏北气流携带着上游大量污染物输送至海南地区(符传博 等,2015a),加上秋季海口市整体气温不低,空气干燥,光化学反应条件良好,O_3 浓度在 10 月达到全年最高值。12 月之后气温偏低,不利于 O_3 反应生成,浓度有所下降。

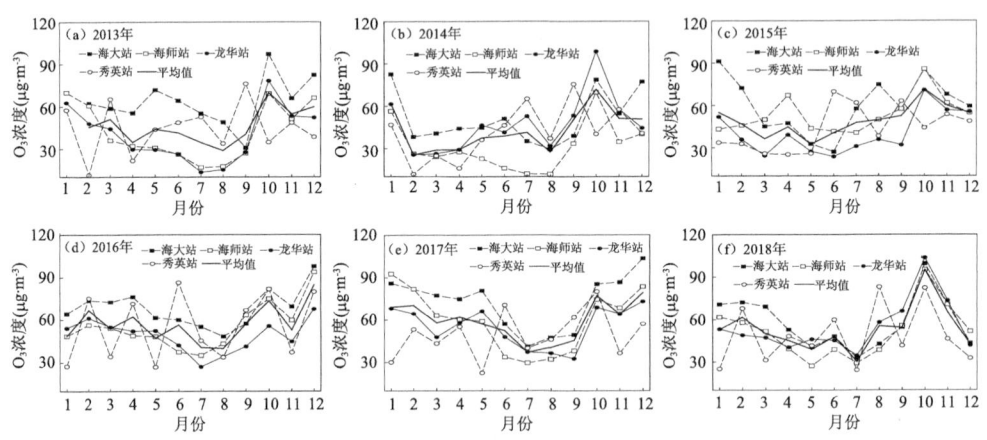

图 7.2 2013—2018 年海口市 4 个观测站 O_3 平均浓度月际变化

7.1.3 海口市臭氧浓度日变化

图 7.3 为 2013—2018 年海口市 4 个观测站 O_3 平均浓度日变化。可以看出,海口市 O_3 浓度表现为单峰型的日变化特征,00:00—08:00 O_3 浓度缓慢下降,并在 08:00 附近达到最低值。09:00 之后 O_3 浓度快速上升,最大值出现在午后 15:00 左

右,随后又表现为较快速地下降。海口市 O_3 浓度的这种日变化特征主要与前体物的光化学反应速率和大气扩散能力有关,而且与我国其他城市有较好的一致性(安俊琳 等,2009)。夜间人为活动减弱,NO_x、CO、VOCs 等前体物排放减少,光化学反应速率降低,加上夜间气温低,O_3 浓度在 08:00 降至最低值。日出后随着太阳辐射强度的增强,气温升高,辐射强度在午后达到最大值,加上白天人为活动强烈,前体物排放多,光化学速率最大。另外,午后大气湍流强度最大,上层 O_3 向下输送作用最强(王耀庭 等,2012),O_3 浓度在 15:00 附近升至最高。此外,对比不同年份 O_3 浓度日变化还可以发现,O_3 浓度日变化幅度有增强的趋势,这可能与海口市本地排放加强有关,其内在机制还有待于进一步研究。

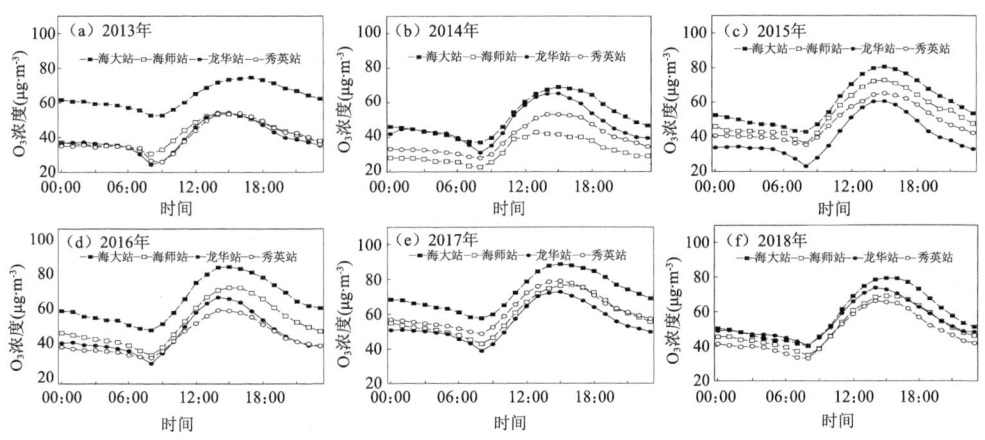

图 7.3　2013—2018 年海口市 4 个观测站 O_3 平均浓度日变化

月际变化和日变化分析表明,O_3 浓度高值主要出现在秋季、冬季,月平均最大值出现在 10 月的概率最高,最小值主要出现在 8 月。秋季、冬季受东北季风影响,来自内陆地区的偏北气流携带着上游大量污染物致使海口市 O_3 浓度上升,而夏季受西南季风影响,来自海洋上空的清洁气团有助于海口市 O_3 浓度降低。O_3 浓度日变化表现为单峰型,00:00—08:00 缓慢下降,并在 08:00 前后达到最低值。09:00 之后 O_3 浓度快速上升,在 15:00 前后达到最大值,随后又表现为较快速下降。这种日变化特征与前体物的光化学反应速率和大气扩散能力有关。

7.1.4　海口市臭氧浓度超标情况

我国城市空气质量采用的标准是《环境空气质量指数技术规定》,其中 O_3 浓度增加了 O_3-8 h 浓度。本节根据《环境空气质量指数技术规定》的分级办法,统计了 2013—2018 年海口市 4 个观测站各级别情况,统计结果如表 7.3 所示。从平均值来看,海大站的 O_3 超标率最高,为 2.82%;海师站和龙华站次之,分别为 1.66% 和

1.36%;秀英站最小,只为 0.83%。从年际变化来看,4 个站点的超标率在 2013—2018 年均表现为上升的变化趋势,其中 2017 年污染最为严重,海大站、海师站、龙华站、秀英站空气质量等级达到三级的天数分别为 23 d、15 d、8 d、12 d,海师站还出现了 1 d 四级(中度污染)的空气质量。2017 年超标率从大到小的排列顺序为海大站(6.34%)>海师站(4.16%)>秀英站(3.32%)>龙华站(3.01%)。海口市区 O_3 污染愈发严重,值得关注。另外,伴随着污染天数的增加,一级天数表现为稳定的下降趋势,2017 年海大站、海师站和秀英站达到了 2013—2018 年的最低值,分别为 230 d、266 d 和 271 d。2017 年龙华站一级天数(301 d)略高于 2014 年,可能与 2014 年无效天数偏高有关。

表 7.3 2013—2018 年海口市 4 个观测站 O_3－8 h 浓度各级别天数统计

站点	年份	各级别天数(d)					超标率(%)
		一级	二级	三级	四级	无效	
海大站	2013	266	63	5	0	31	1.65
	2014	278	64	5	0	18	1.52
	2015	274	82	9	0	0	2.47
	2016	224	134	8	0	0	2.19
	2017	230	111	23	0	1	6.34
	2018	267	88	10	0	0	2.74
	平均	256.5	90.3	10	0	8.3	2.82
海师站	2013	323	37	0	0	5	0
	2014	324	24	1	0	16	0.30
	2015	304	52	8	1	0	2.19
	2016	278	83	5	0	0	1.37
	2017	266	81	15	1	2	4.16
	2018	300	58	7	0	0	1.92
	平均	299.2	55.8	6	0.33	3.83	1.66
龙华站	2013	321	39	0	0	5	0
	2014	289	50	8	1	17	2.42
	2015	321	43	1	0	0	0.27
	2016	313	52	1	0	0	0.27
	2017	301	55	8	0	1	2.20
	2018	306	48	11	0	0	3.01
	平均	308.5	47.83	4.83	0.17	3.83	1.36

续表

站点	年份	各级别天数(d)				天数	超标率(%)
		一级	二级	三级	四级		
秀英站	2013	309	43	1	0	12	0.29
	2014	312	37	0	0	16	0
	2015	319	41	5	0	0	1.37
	2016	330	36	0	0	0	0
	2017	271	80	12	0	2	3.32
	2018	325	40	0	0	0	0
	平均	311	46.17	3	0	5	0.83

图7.4给出了2013—2018年海口市O_3达标日、超标日$O_3-8\,h$浓度和第90百分位$O_3-8\,h$浓度年际变化,其中第90百分位$O_3-8\,h$浓度是基于日平均值计算所得。可以看出,2013年海口市$O_3-8\,h$浓度没有超标,其余各年份均有$O_3-8\,h$浓度超标日出现,而且$O_3-8\,h$浓度表现为波动式的上升趋势。2014年超标日$O_3-8\,h$浓度为163.44 $\mu g \cdot m^{-3}$,2017年达到了177.13 $\mu g \cdot m^{-3}$,为2013—2018年的最高值,表明海口市O_3浓度超标现象在逐年恶化。从达标日看,由于海口市春季和夏季O_3浓度明显偏低,2013—2018年平均达标日$O_3-8\,h$浓度只为69.69 $\mu g \cdot m^{-3}$,远远低于国家二级标准阈值(160 $\mu g \cdot m^{-3}$),海口市总体空气质量良好。2013年达标日$O_3-8\,h$浓度为 $\mu g \cdot m^{-3}$,2017年上升至78.75 $\mu g \cdot m^{-3}$,达标日的O_3浓度上升也值得关注。

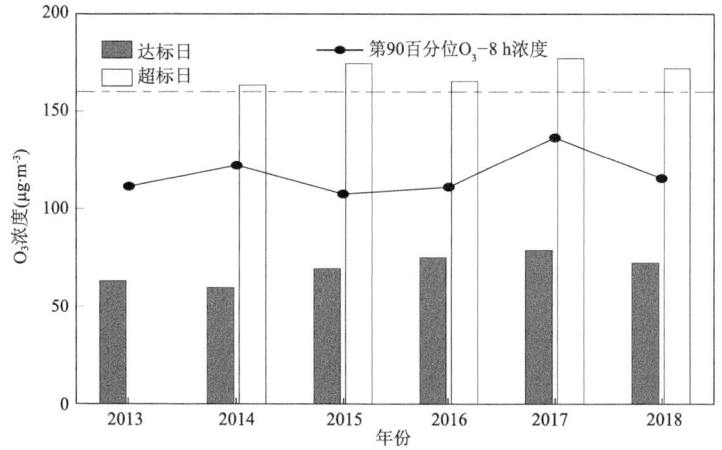

图7.4 2013—2018年海口市O_3达标日、超标日$O_3-8\,h$浓度和第90百分位$O_3-8\,h$浓度年际变化

海口市 O_3 浓度超标情况分析表明,海大站超标率最高(2.82%),海师站和龙华站次之(分别为 1.66% 和 1.36%),秀英站最小(为 0.83%)。另外,4 个站点的超标率年际变化均表现为上升趋势,2017 年污染最为严重。分析海口市 4 个站平均的 $O_3-8\,h$ 年际变化发现,2014 年超标日 $O_3-8\,h$ 浓度为 163.44 $\mu g \cdot m^{-3}$,2017 年达到了 177.13 $\mu g \cdot m^{-3}$,表明海口市 O_3 浓度超标现象在逐年恶化。而达标日的 O_3 浓度也表现为上升的趋势,值得关注。

7.1.5 海口市气象要素对臭氧浓度的影响

图 7.5 给出了 2013—2018 年海口市 $O_3-8\,h$ 超标日和达标日气象要素对比。可以看出,达标日的平均风速整体偏高于超标日,2013—2018 年平均达标日平均风速为 1.83 $m \cdot s^{-1}$,超标日为 1.43 $m \cdot s^{-1}$,降低了 21.9%。然而从 O_3 污染最为严重的 2017 年来看,超标日的平均风速略高于达标日,与其他年份不同,这也体现了海口市 O_3 与平均风速相关的复杂性。超标日气温和达标日气温也没有较为一致的差异,2014 年和 2016 年达标日气温高于超标日,2015 年和 2017 年基本持平,而 2018 年达标日气温低于超标日气温,这种差异特征可能与海口市 O_3 浓度超标日偏少有关。超标日的日照时间明显偏高于达标日,2013—2018 年平均日照时间高出 35.54%,2018 年更为明显,超标日比达标日高出了 81.38%。超标日的相对湿度明显低于达标日,2013—2018 年平均降低了 10.63%,从年际变化上发现这种差异在逐年增加,2018 年达到了 20.59%,接近 2013—2018 年平均值的 2 倍。

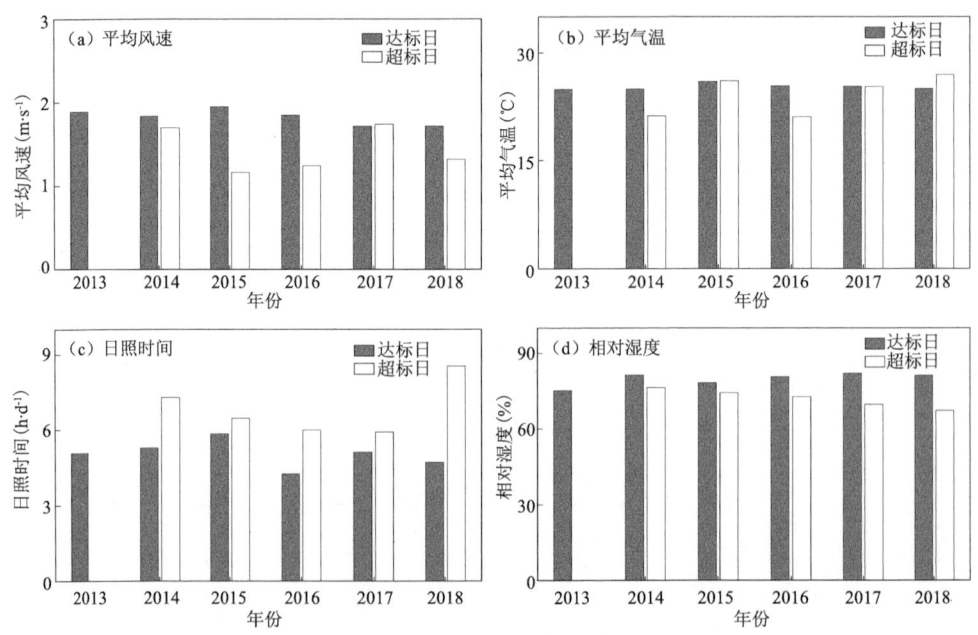

图 7.5 2013—2018 年海口市 $O_3-8\,h$ 浓度超标日和达标日气象要素对比

图 7.6 进一步给出了 2013—2018 年海口市 $O_3-8\ h$ 与相对湿度和日最高气温的散点图。可以看出,$O_3-8\ h$ 浓度与相对湿度呈负相关关系,一元线性拟合方程为 $y=-1.09x+164.08$,$r=0.088$。而 $O_3-8\ h$ 浓度与日最高气温也呈负相关关系,这一结果与北京(程念亮 等,2016;王占山 等,2018)、上海(赵辰航 等,2015)、广州(沈劲 等,2017)、成都(徐锟 等,2018)等城市相反。结合前面的分析可知:海口市 O_3 浓度高值主要出现在秋季、冬季,而夏季是气温较高时段 O_3 浓度显著偏低;秋、冬季受北方冷空气携带的大量污染物输送影响,气温偏低时海口市也可能出现 O_3 浓度超标。对 2013—2018 年海口市 $O_3-8\ h$ 浓度超标日 500 m 48 h 后向轨迹分析表明,海口市 O_3 浓度超标日的影响气流基本主要来自湖南东南部和江西南部,经过广东到达海口,还有部分气流从江苏、上海、浙江,途经福建和广东到达海口,而这些区域经济较为发达,空气污染严重,特别是广东珠三角地区,外源输送对海口市 O_3 浓度超标有很大贡献。还可以看出,当相对湿度为 60%~85%、日最高气温为 20~30 ℃ 时,海口市 $O_3-8\ h$ 浓度超过 160 μg·m^{-3} 的概率较高,空气质量可能达到轻度至中度污染等级。

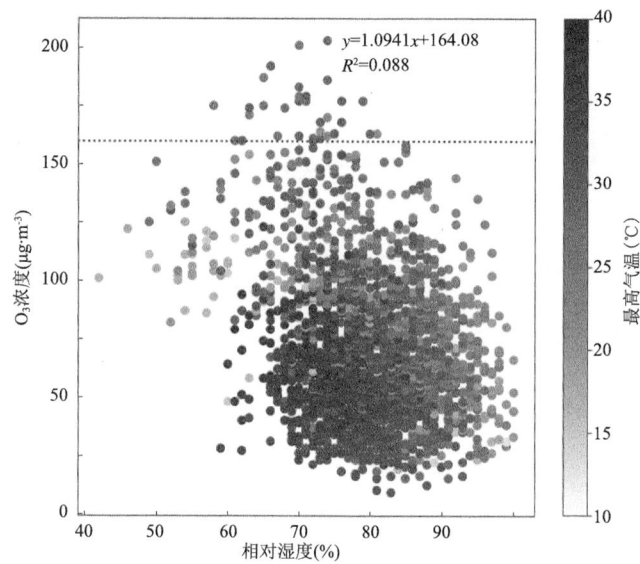

图 7.6 2013—2018 年海口市 $O_3-8\ h$ 浓度与相对湿度和日最高气温的散点图

与气象因子的相关性分析表明,O_3 浓度与日照时数呈正相关关系,与相对湿度呈负相关关系,而与气温和日平均风速相关性不明显。当相对湿度在 60%~85%,日最高气温在 20~30 ℃ 时,海口市 $O_3-8\ h$ 浓度达到 160 μg·m^{-3} 的概率较高,空气质量可能达到轻度至中度污染等级。

7.1.6 海口市臭氧浓度与前体物 NO_2 的相关性分析

图 7.7 展示了 2013—2018 年 4 个站点 O_3 浓度和 NO_2 浓度日平均值散点和拟合直线。可以清楚地发现，海大站 O_3 浓度和 NO_2 浓度日平均值呈负相关关系，相关系数为 -0.021，而其余 3 个站点呈正相关关系，趋势系数分别为 0.014（海师站）、0.023（龙华站）和 0.002（秀英站）。这说明海大站 O_3 生成的前体物控制区可能为 VOCs 控制区，而其余 3 站可能为 NO_2 控制区。NO_2 主要来自汽车尾气排放，海大站地理位置位于海口市北部的海南大学校园内，远离市区交通主干道，NO_2 的交通源贡献相对较少，而海师站、龙华站和秀英站皆靠近海口市主要交通要道，机动车流量稠密，NO_2 的交通源贡献明显偏多。从图 7.7 的 4 个站点 NO_2 浓度水平分布也可以看出，NO_2 浓度超过 30 $\mu g \cdot m^{-3}$ 的日数海大站显著偏少于其余 3 站，因此这也是造成海大站与其余 3 站前体物控制区不同的原因之一。确定某一地区 O_3 前体物控制区十分重要，对于 VOCs 控制区，降低 NO_2 浓度反而会引起 O_3 浓度的增加；而 NO_2 控制区 VOCs 的变化对 O_3 浓度影响不大（耿福海等，2012），确定海口市 O_3 前体物控制区对当地政府控制 O_3 浓度的政策制定具有很大的指导意义。目前还没有相关的研究结论，这一问题有待于进一步深入研究。

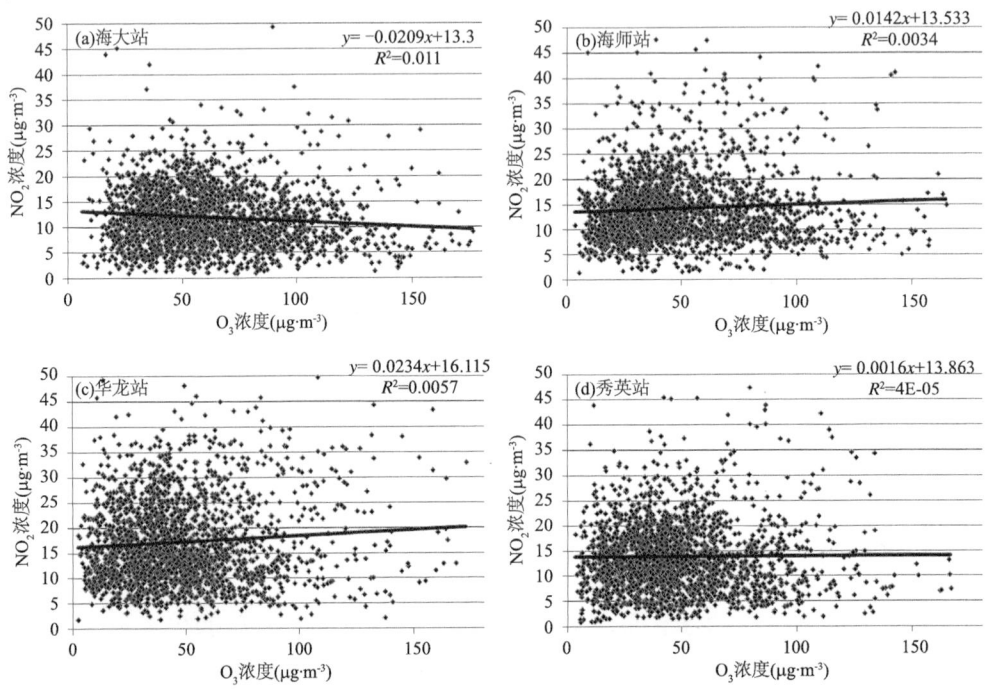

图 7.7 2013—2018 年海口市各站点 O_3 浓度和 NO_2 浓度日平均值散点和拟合直线

7.2 海口市一次典型臭氧污染过程分析

7.2.1 污染时段海口市污染物与气象因子变化特征

2017年秋季海南省发生了一次以 O_3 为主要污染物的大气污染事件,其污染范围和强度历史罕见,海口市 O_3 浓度超标持续了 13 d,为 2013 年以来有 O_3 观测资料以来持续时间最长的一次。为了细致地研究这次持续 O_3 污染过程,图 7.8 给出了 2017 年 10 月 15 日至 11 月 14 日海口市 AQI 与气象要素和 6 类污染物浓度的变化。可以清楚地看出,研究时段 AQI 可以分为 3 个阶段,10 月 15—23 日为清洁阶段 1;

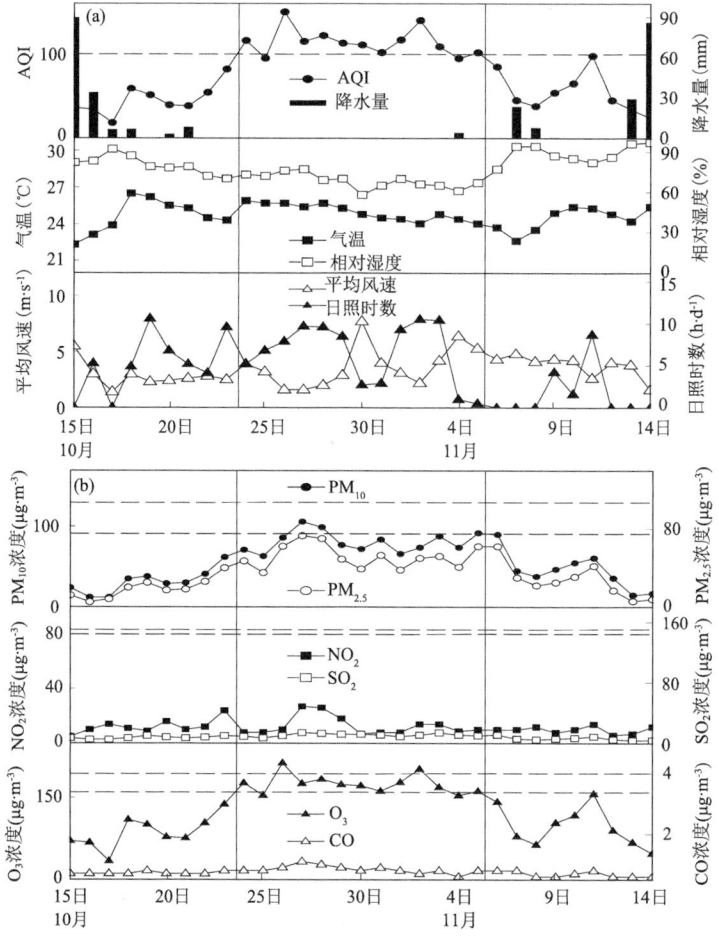

图 7.8 2017 年 10 月 15 日至 11 月 14 日海口市 AQI 日均值与气象要素(a)和
6 类污染物浓度(b)的变化(虚线为《环境质量空气标准》二级标准限值)

10月24日至11月5日为污染阶段,其中10月25日和11月4日的AQI均为95,十分接近空气质量二级标准阈值,可认为属于同一次污染过程;11月6—14日为清洁阶段2。在清洁阶段1,海口市AQI平均值为46,O_3浓度为86.7 $\mu g \cdot m^{-3}$(表7.4),空气质量等级以优和良为主,同时部分天数有降水发生,降水的冲刷作用不利于污染物浓度的上升。污染阶段的海口市AQI、首要污染物和6类污染物浓度见表7.5,O_3浓度大部分天数都超过了国家空气质量二级标准限值,AQI和O_3浓度平均值分别为114和175.3 $\mu g \cdot m^{-3}$。污染阶段没有降水发生,湿沉降作用减弱,对大气污染物浓度的增加有利。从气温和相对湿度上看,污染阶段的气温基本在24 ℃附近,相对湿度平均为68.4%,明显偏小于清洁阶段。在O_3生成的光化学反应中,太阳的紫外光也是必要条件之一,气温在一定程度上可以反映紫外光的强弱,水汽浓度的偏高会影响太阳紫外辐射,因此,气温和相对湿度与O_3浓度密切相关。第二阶段尽管气温偏低,但是从日照时数上看,日照时数平均为6.5 $h \cdot d^{-1}$,说明太阳紫外辐射是比较稳定的,并没有随着气温的偏弱而降低。而相对湿度偏低有利于O_3体积分数的积累,O_3浓度上升(吴锴 等,2017)。从平均风速上看,3个阶段平均风速整体偏大,平均值均超过了2.8 $m \cdot s^{-1}$,其中污染阶段高达3.7 $m \cdot s^{-1}$,较大的风速对污染物的聚集不利,但是对外源输送有利。第三阶段气温变化不大,相对湿度明显上升,平均风速和日照时数有所下降,同时伴有降水发生,O_3浓度下降,污染过程结束。从图7.7b上看,6类污染物浓度变化与AQI基本一致。统计发现除了O_3以外,其他5类污染物浓度均没有超过国家二级标准,说明此次污染过程完全是由于O_3浓度超标所引起,海口市的O_3污染问题值得关注。

统计发现,2017年秋季海口市发生了一次持续13 d的O_3污染天气过程,污染时段AQI和O_3浓度平均值分别为114和175.3 $\mu g \cdot m^{-3}$,超过了国家空气质量二级标准限值。污染物浓度变化与气象要素密切相关,污染时段海口市没有降水发生,气温和日照时数较为稳定,相对湿度偏小,平均只为68.4%,平均风速超过3.7 $m \cdot s^{-1}$,有利于外源污染物向本区输送和O_3浓度的维持。

表7.4 不同时段海口市AQI、O_3浓度和气象要素的对比

	AQI	O_3浓度 ($\mu g \cdot m^{-3}$)	降水量(mm)	气温(℃)	相对湿度(%)	平均风速 ($m \cdot s^{-1}$)	日照时数 ($h \cdot d^{-1}$)
清洁阶段1	46	86.7	16.4	23.8	80.2	2.8	5.2
污染阶段	114	175.3	0.3	24.1	68.4	3.7	6.5
清洁阶段2	54	96.7	16.4	23.6	88.7	3.7	1.6

表 7.5 污染阶段的海口市 AQI、首要污染物和 6 类污染物浓度

日期	AQI	首要污染物	NO_2浓度 $(\mu g \cdot m^{-3})$	SO_2浓度 $(\mu g \cdot m^{-3})$	PM_{10}浓度 $(\mu g \cdot m^{-3})$	$PM_{2.5}$浓度 $(\mu g \cdot m^{-3})$	CO浓度 $(mg \cdot m^{-3})$	O_3浓度 $(\mu g \cdot m^{-3})$
10月24日	116	O_3	8	9	71	47	0.8	177
10月25日	95	O_3	8	7	63	35	0.8	154
10月26日	150	O_3	10	10	86	62	0.9	214
10月27日	115	O_3	27	14	106	73	1.1	176
10月28日	122	O_3	26	13	99	70	1.0	184
10月29日	113	O_3	18	12	77	49	0.9	174
10月30日	111	O_3	7	12	72	39	0.8	172
10月31日	102	O_3	8	11	84	53	0.8	162
11月1日	117	O_3	8	9	66	38	0.8	178
11月2日	140	O_3	14	11	74	50	0.7	203
11月3日	109	O_3	14	14	88	52	0.8	169
11月4日	95	O_3	9	11	74	41	0.6	154
11月5日	102	O_3	10	10	92	62	0.8	162

7.2.2 天气形势变化特征

某一区域的大气污染物排放量在一定时间段内是稳定不变的,而大气污染事件的发生往往取决于天气形势和气象条件的控制(李崇 等,2017)。本节通过分析污染时段(10月24日至11月5日)的天气形势特征发现,500 hPa 持续的高空槽活动、850 hPa 稳定的干冷气团和东北风场控制是造成此次 O_3 污染过程的主要天气成因。

从 500 hPa 高度场上(图 7.9a)可以发现,10月20日东亚地区中高纬呈现两槽一脊的天气形势,东亚大槽位于120°E 附近的我国东北至华东一带,槽底偏北,新疆北部有短波槽分裂南下。菲律宾以东洋面有热带气旋活动,受其影响,副热带高压(以下简称副高)呈块状分布,西太副高主体在135°E 以东,副高西段分布在南海北部和中南半岛等地,海南受其影响,形势稳定。从地面形势场(图 7.10a)上看,10月20日冷高压主体偏北,我国东南沿海为等压线密集区,低层风速较大,海南地区海平面气压在 1012.5 hPa 以下,10 m 风场表现为东北风,温度露点差<6 ℃。结合前面的分析可知,此时海口市有降水发生,不利于污染物浓度上升。10月26日(图 7.9b),东亚大槽东移至日本以东的洋面上,高压脊控制我国东北地区,而脊后的短波槽已经明显发展并南压至新疆东南部,菲律宾以东洋面的热带气旋此时已经减弱。在高空槽的引导下,地面冷高压(图 7.10b)向我国东南一带移动,海南地区海平面气压上升到 1015 hPa 附近,华南地区 10 m 风场为东北风,有利于北方大气污染物输送至海

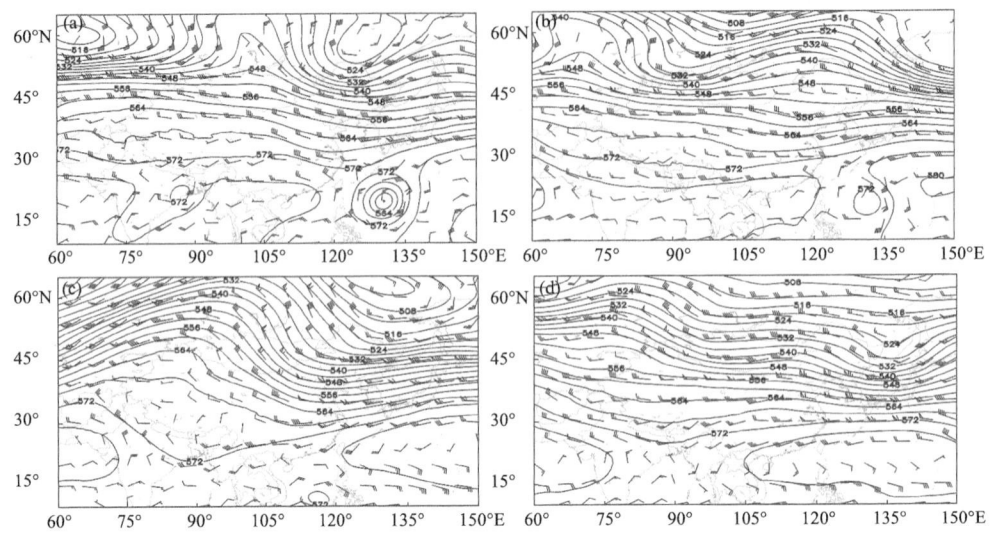

图 7.9　500 hPa 高度场(等值线,单位:dagpm)和风场(风羽,单位:m·s^{-1})分布
(a. 10 月 20 日;b. 10 月 26 日;c. 11 月 2 日;d. 11 月 8 日)

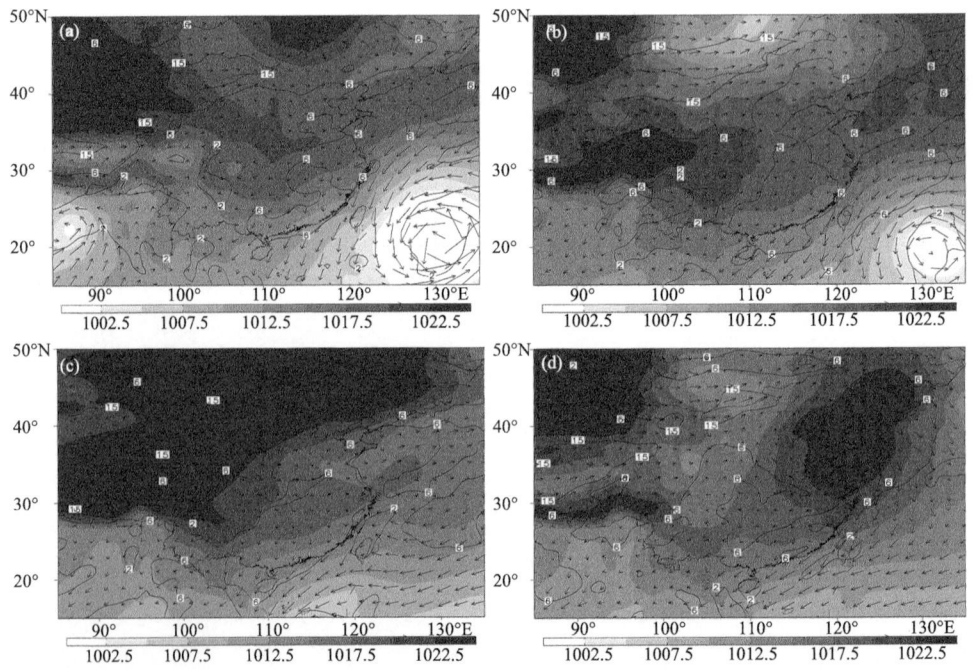

图 7.10　海平面气压(填色,单位:hPa),温度露点差(实线,单位:℃)和地面 10 m 风(单位:m·s^{-1})分布
(a. 10 月 20 日;b. 10 月 26 日;c. 11 月 2 日;d. 11 月 8 日)

南北部地区,温度露点差>6 ℃,地面较为干燥,对光化学烟雾的发生有利。10 月 26 日海口市 AQI 和 O_3 浓度分别为 150 和 214 $\mu g \cdot m^{-3}$,接近三级标准限值。11 月 2 日(图 7.9c),东亚地区中高纬转为一槽一脊的天气形势,等高线经向度较大,东亚大槽从 130°E 的俄罗斯东部向南延伸至我国华南北部,槽后西北风强劲,引导着地面冷空气持续南下补充。此时我国地面大部分地区被冷高压控制(图 7.10c),而且温度露点差偏大,10 m 风速偏小,有利于大气污染物的积累和 O_3 的生成,南海北部的东北风有利于 O_3 从源区输送至海南地区,海口市 O_3 浓度持续超标。11 月 8 日(图 7.9d)东亚地区中高纬等高线较为平直,只有在蒙古国和日本海附近有短波槽活动,西太平洋副热带高压加强西伸,地面 10 m 风场顺转为东到东北风,温度露点差下降至 2 ℃附近,海口市的 O_3 污染结束。

为了更深入地分析此次海口市 O_3 污染的气象成因,图 7.11 给出了 850 hPa 相对湿度、温度和风场的空间分布。10 月 20 日(图 7.11a)海南地区相对湿度整体偏高,在 92%以上,气温分布在 14~16 ℃,风速偏小,此时海口市空气质量良好。10 月 26 日(图 7.11b),从山东半岛有一"干舌"向南海北部延伸,相对湿度在 60%以下,海南地区在 60%~80%,风场表现为东北风,风速偏大,为外来污染物的传输提供了动力条件。气温略有增加,此时海口市空气质量达到轻度污染等级。11 月 2 日(图 7.11c),我国华东、华中和华南地区是相对湿度低值区,大部分在 60%以下,海南地区北部和西部更是低至 30%。我国东南沿海维持东北风风场控制,风速偏大,为外源输送提供了持续的动力条件,850 hPa 气温上升至 16~18 ℃,海口市空气质量维持在轻度污染等级。11 月 8 日(图 7.11d)空气质量转为优良,此时相对湿度低值区北退至 25°N 以北,海南地区相对湿度上升到 80%以上,风场转为偏东风,气温维持在 16~18 ℃。从前面的分析可知,海口市空气质量对低层风向风速和相对湿度较为敏感,而对气温的敏感度较差。当低层风场以东北风为主,风速偏大,相对湿度较小时,海口市空气质量较差,容易出现 O_3 污染天气;反之则空气质量较好。风速大小在一定程度上能反映大气边界层内稳定度的强度,同时体现了污染物的输送效率,风向则反映了污染传输过程中的来向和去向问题(严茹莎 等,2013)。当低层风场为东北风,风速偏大时,外来污染物容易从北方源区输送至海南地区,致使大气污染事件发生(符传博 等,2016b)。相对湿度的变化在一定程度上会影响着 O_3 的生成与消亡(吴锴 等,2017),O_3 作为二次污染物,其浓度主要受 NOx、VOCs 和太阳紫外辐射的影响。当相对湿度偏高时,其一,水汽会消减太阳紫外辐射导致 O_3 生成速率发生衰减(文雯 等,2019);其二,会加大 O_3 干沉降作用的发生(Sarah et al.,2017);其三,大气中的水汽在一定条件下,会与 O_3 发生化学反应,从而直接降低 O_3 浓度(姚青 等,2009)。

此次空气污染的发展与维持与天气形势演变关系密切。东亚地区中高纬 500 hPa 上有短波槽持续分裂南下,地面冷高压向南发展和维持,850 hPa 东北风为

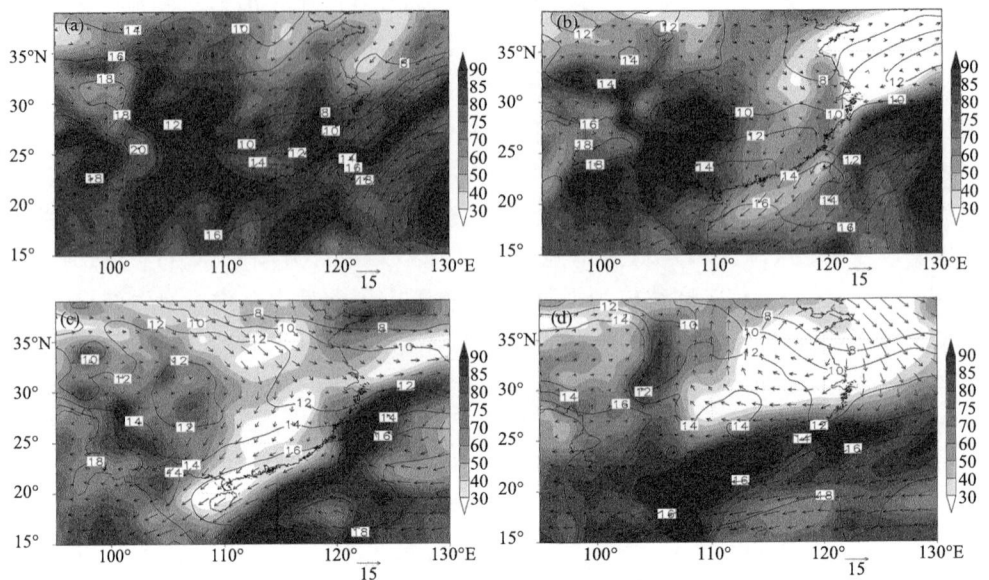

图 7.11 850 hPa 相对湿度(填色,单位:%),850 hPa 温度(实线,单位:℃)和 850 hPa 风(单位:m·s^{-1})分布
(a.10 月 20 日;b.10 月 26 日;c.11 月 2 日;d.11 月 8 日)

外源输送提供了持续的动力条件,低层相对湿度偏低和地表>6 ℃的温度露点差为光化学烟雾的发生提供了有利条件,致使海口市 O_3 浓度的持续超标。

7.2.3 大气污染期间的影响气流后向轨迹

利用 NOAA HYSPLIT4 模式和全球数据同化系统(Global Data Assimilation System,GDAS)资料,对 10 月 24 日至 11 月 5 日(共 13 d)大气污染期间海口市(20°N,110.25°E)影响气流进行 48 h 后向轨迹追踪。大气污染物主要集中在 1000 m 以下(涂小萍 等,2019),因此,起始高度设为 3 层:100 m、500 m 和 1000 m,以分析不同层次轨迹污染物水平输送和沉降特征。如图 7.12 所示,不同层次上的气流轨迹运动方向基本一致,但速度略有不同,100 m 高度的气流受地表摩擦作用,轨迹运动速度偏慢,距离偏短,气流主要来自湖南东南部、江西中部和福建中部地区,经过广东到达海口。500 m 和 1000 m 层次上的气流速度偏快,从分布形态上可以分为两支,一支从湖南东南部经过广东西部,到达海口;另外一支从长江三角洲地区,经过浙江、福建和广东沿海到达海口。图 7.13 进一步给出了 2017 年 10 月 24 日至 11 月 5 日海口市不同高度 48 h 后向轨迹对应的海拔高度和气压变化。可以看出,尽管 3 个高度的气流轨迹起始位置不同,但是在传输的过程当中均伴有下沉和加压。100 m 高度气流 48 h 前分布在 100~700 m 高度,气压在 1000~900 hPa。500 m 和 1000 m 高度气流分别分布在 600~1800 m 和 1000~2400 m,气压分别为 800~900 hPa 和 750~860 hPa。

污染期间海口市受北方冷空气持续南下影响,大气污染物从源区输送至海口市,并随着气流下沉,限制污染物的垂直扩散,对海口市此次 O_3 污染的发展和维持有直接作用。

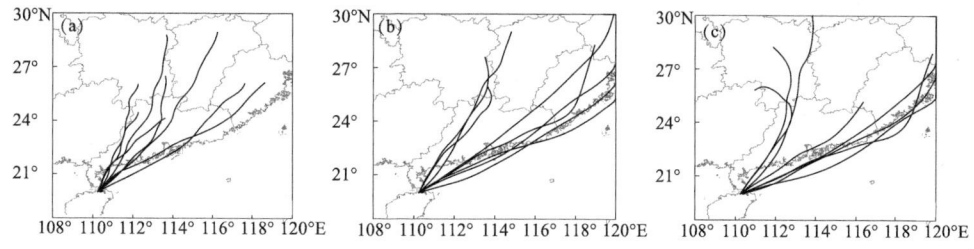

图 7.12　2017 年 10 月 24 日至 11 月 5 日海口市不同高度 48 h 后向轨迹
(a. 100 m;b. 500 m;c. 1000 m)

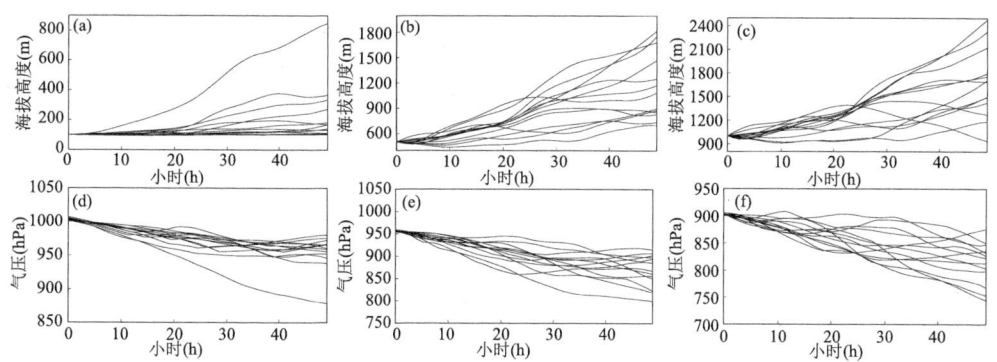

图 7.13　2017 年 10 月 24 日至 11 月 5 日海口市不同高度
48 h 后向轨迹对应的海拔高度和气压变化
(a,d. 100 m;b,e. 500 m;c,f. 1000 m)

后向轨迹的分析结果表明,不同层次上的气流轨迹运动方向基本一致,而速度略有不同。100 m 高度的气流从湖南东南部、江西中部和福建中部地区,经过广东到达海口。500 m 和 1000 m 层次上的气流从湖南东南部、长江三角洲地区,经过浙江、福建和广东到达海口,影响气流在传输的过程当中均伴有下沉和加压,限制污染物的垂直扩散,对海口市此次 O_3 污染的发展和维持有直接作用。

7.2.4　大气污染期间的臭氧潜在源区

为了进一步确认海口市此次 O_3 污染的源地问题,本节利用 WPSCF 与 WCWT 方法进行了 O_3 潜在源区分析。图 7.14 给出了 2017 年 10—11 月海口市 AQI 和 O_3 浓度的 WPSCF 与 WCWT 分析。WPSCF 的大小体现的是污染轨迹通过该网格点的概率,而 WCWT 的大小表示该网格对受点 AQI 的贡献大小。一般而言,WPSCF

越大的网格,WCWT 也越大,即污染轨迹通过概率较大的网格,对受点的污染贡献也越大,而两者高值重合的区域,就是该受点的潜在污染源区(卢文 等,2019),本节使用 500 m 高度的气流后向轨迹进行分析。可以看出,影响海口市 AQI 和 O_3 浓度的潜在污染源区基本一致,主要有湖南东南部到江西西部、江苏南部、浙江南部、福建中部到南部地区,以及广东大部分地区,其中湖南和江西交界,广东沿海等地的 WPSCF 超过 0.21。WCWT 分布范围比 WPSCF 偏小,主要集中在湖南和江西交界、福建和广东沿海,特别是广东南部沿海地区,WCWT 超过 40,是海口市此次 O_3 浓度超标的主要潜在源区。广东珠江三角洲地区是国内几个著名的经济高度发达地区之一,其大气污染问题一直受到专家学者的关注(冯新宇 等,2019;刘建 等,2017)。海口市 2014 年出现的大气污染事件与该地区的输送有直接关系(符传博 等,2016b),此次 O_3 污染的潜在源区分析表明,广东对此次过程也有很大的贡献。

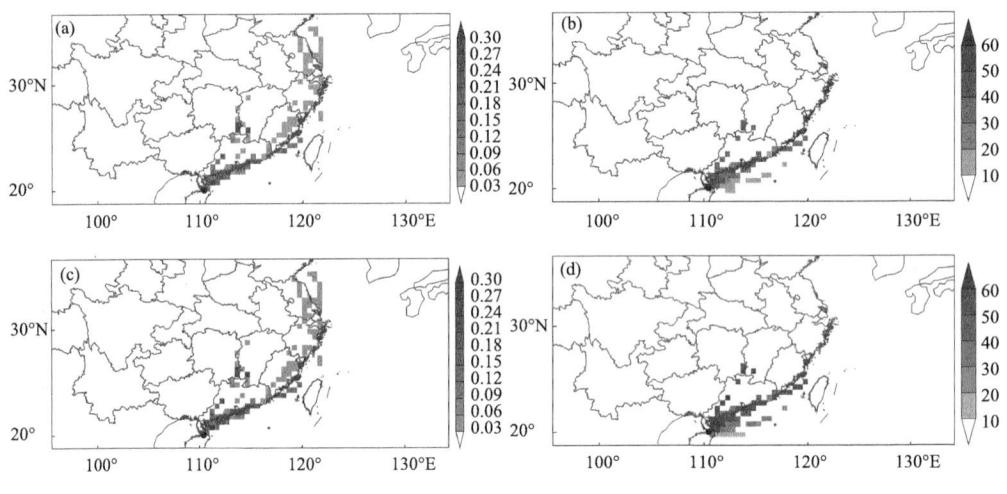

图 7.14 2017 年 10—11 月海口市 AQI(a,b)和 O_3 浓度(c,d)的 WPSCF(a,c)和 WCWT(b,d)分析

潜在源区的分析表明,广东是此次 O_3 污染过程的主要贡献源区,其 WPSCF 和 WCWT 分别>0.21 和>40。此外,湖南东南部、江西西部、江苏南部、浙江南部、福建中南部地区也有一定的潜在贡献。

7.3 三亚市臭氧浓度变化特征

7.3.1 2014—2019 年三亚市臭氧浓度总体变化

三亚市位于海南省最南端,旅游资源丰富,生态环境良好,是我国著名的旅游城市,也是海南建设国际旅游岛和国家生态文明试验区的重要城市,其城市空气质量对海南国际旅游岛、中国(海南)自由贸易试验区(港)、国家生态文明试验区等形象有举足轻重的作用。作为以旅游业为主导产业的城市,三亚市大气污染特征与排放特征与内地城市有明显区别,污染物的环境本底与气象条件也具有很大差异,除本地污染外,三亚市大气污染同时也受旅游人群活动和外来污染物输送影响。2019年11月三亚市发生了一次持续两天的以O_3为主要污染物的大气污染事件,引起了当地政府和民众的广泛关注。针对三亚市的O_3浓度时空变化、演变规律和个例分析等方面均未见报道,本节主要针对2014—2019年三亚市O_3浓度进行分析,摸清其浓度水平及变化趋势,以期为当地政府制定切实可行的环境管理政策和气象与环保部门的预报服务工作等提供理论依据。

图7.15给出了2014—2019年三亚市O_3-8 h浓度年际变化。表明,三亚市6年O_3-8 h浓度呈现波动式的上升趋势,其回归方程为$y=0.45x+68.45$,气候趋势系数为0.347。近6年年平均O_3-8 h浓度最低值出现在2016年,只为66.33 $\mu g \cdot m^{-3}$,最高值出现在2019年,O_3-8 h浓度达到了72.58 $\mu g \cdot m^{-3}$,上升幅度达到了5.85%。为了进一步揭示三亚市O_3浓度在海南省所有市(县)的排名情况,整理了18个市(县)(三沙市除外)2015—2019年O_3-8 h浓度并进行了排名(图7.16),结果表明三亚市O_3-8 h浓度表现为逐年上升,全省排名呈现明显的下降趋势。2015年全省排名在第5名,2016年上升至第9名,2017年更是达到了第12名,为6年最低值。2018年和2019年稳定在第11名,排名也较为靠后。随着海南国际旅游岛,海南自由贸易港的建设进程加快,各个市(县)的基础建设项目逐渐增多,其中三亚市的基础项目开发力度尤为显著(徐海军 等,2011),这无疑增加了三亚市大气污染物的本地排放贡献。此外,三亚市作为国内著名的旅游城市之一,"候鸟型"的养老产业也蓬勃发展(翟羽 等,2015),而随之带来的城市民用汽车保有量增加,餐饮排放和电量消耗等增多,必定会加剧O_3前体物的排放,致使大气中O_3浓度上升显著。三亚市O_3浓度的上升及治理措施值得关注。

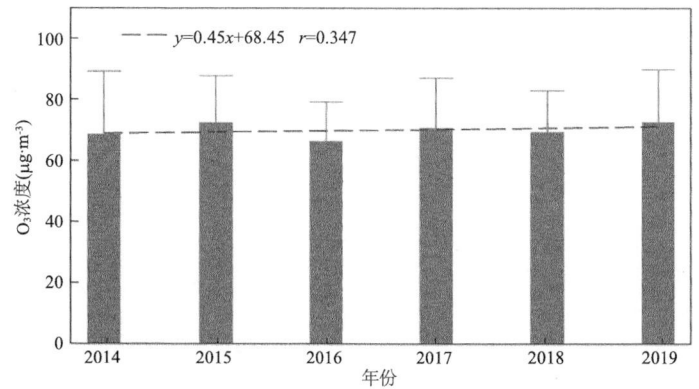

图7.15 2014—2019年三亚市O_3-8 h浓度年际变化(虚线为误差线)

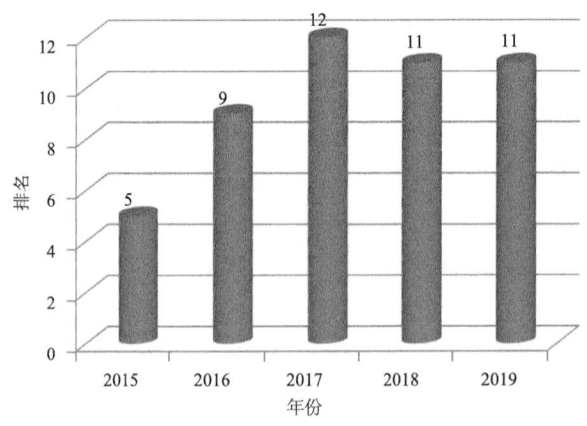

图 7.16　2015—2019 年三亚市 O_3-8 h 浓度排名

年际变化分析表明,2014—2019 年三亚市 O_3-8 h 浓度出现明显的上升趋势,气候趋势系数为 0.347,其中 2019 年 O_3-8 h 浓度达到了 72.58 μg·m^{-3},相对于 2014 年上升幅度为 5.85%。秋季、冬季为高值,春季、夏季 O_3-8 h 浓度偏低,其中 10 月和 11 月是三亚市 O_3 浓度超标的主要月份。O_3 浓度日变化呈单峰型特征,白天浓度高于夜间,最低值在 08:00 附近,15:00 附近为最大值。

7.3.2　三亚市臭氧浓度逐月变化

图 7.17 给出了 2014—2019 年三亚市 O_3-8 h 浓度逐月变化。从总体上看,O_3-8 h 浓度表现为先稳定下降,后快速上升的变化特征。秋季、冬季为高值,春季、夏季 O_3-8 h 浓度偏低。这种变化特征与我国北方城市基本相反(王占山 等,2018;冯新宇,2019)。一般而言,O_3 浓度主要与太阳紫外辐射、气温、湿度、风速和前体物有关。秋季、冬季受冬季风影响,偏北气流容易携带北方的大气污染物输送至海南地区,加上三亚市纬度偏低,太阳紫外辐射还没有大幅度降低,气温相对偏高,湿度相对偏低,光化学反应较为剧烈,因此,三亚市的 O_3-8 h 浓度大值主要出现在秋季、冬季。图 7.18 给出了 2014—2019 年三亚市 O_3 浓度随风向变化,表明当三亚市风向为东北风时,O_3 浓度相对较高,而风向为偏西风和偏南风时,O_3 浓度偏低,这也进一步证明了上述结论。从不同年份三亚市 O_3 浓度逐月变化来看,2014 和 2016 年 O_3-8 h 浓度偏低,2017 和 2019 年偏高。值得注意的是 2019 年 O_3-8 h 浓度最大月份出现在 11 月,而其余年份主要出现在 10 月。进一步统计发现,2019 年 11 月三亚市降水日数只有 5 d,而其余 5 年 11 月平均降水日数高达 13.2 d。2019 年 11 月相对湿度为 86.4%,明显偏低于其余 5 年平均值(89%),因此,不同月份气象条件差异会显著影响着三亚市 O_3 浓度变化。

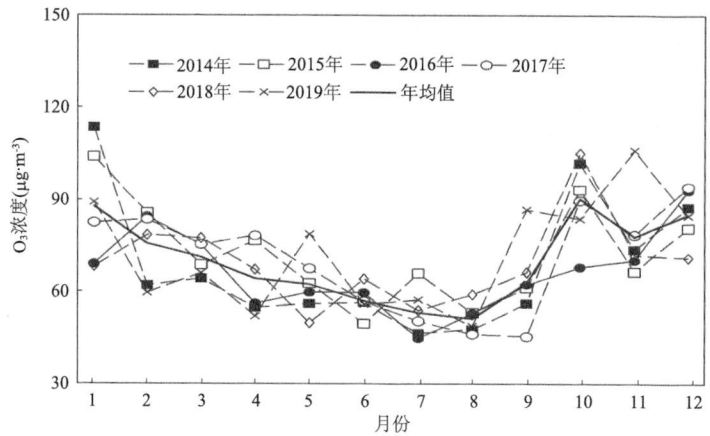

图 7.17 2014—2019 年三亚市 $O_3-8\,h$ 浓度逐月变化

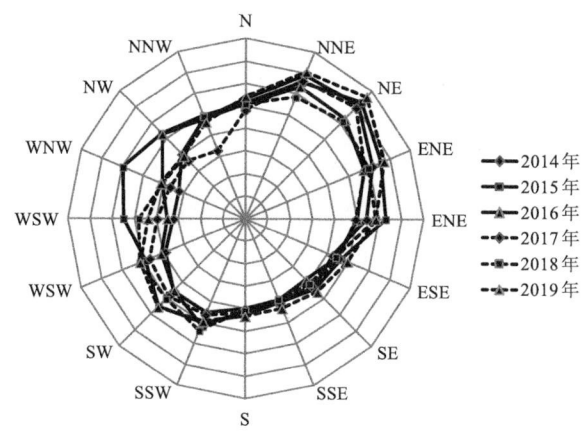

图 7.18 2014—2019 年三亚市 $O_3-8\,h$ 浓度随风向变化

7.3.3 三亚市臭氧浓度日变化

图 7.19 为 2014—2019 年三亚市 O_3 浓度日变化。表明三亚市 O_3 浓度日变化呈现单峰型变化特征,白天浓度高于夜间,这与我国其他地区的城市日变化特征一致(王占山 等,2018;冯新宇,2019)。总体上看,夜间由于没有太阳紫外辐射,人为活动弱,NO_x、CO、VOCs 等前体物排放减少,00:00—08:00 O_3 浓度表现为缓慢的下降趋势,并在 08:00 达到全天的最低值,分布在 40 $\mu g \cdot m^{-3}$ 左右。08:00 之后受到太阳紫外辐射影响,加上白天人为活动强烈,前体物排放多,光化学速率加大,O_3 浓度快速上升,并在午后 15:00 附近达到最大值,分布在 70 $\mu g \cdot m^{-3}$ 附近,随后又表现为较快速地下降。此外,对比不同年份 O_3 浓度日变化还可以发现,O_3 浓度日变化幅度有

增强的趋势,如 2019 年 17:00 之后 O_3 浓度明显偏高于其他年份,这可能与三亚市本地排放加强有关,其内在机理还有待于进一步研究。

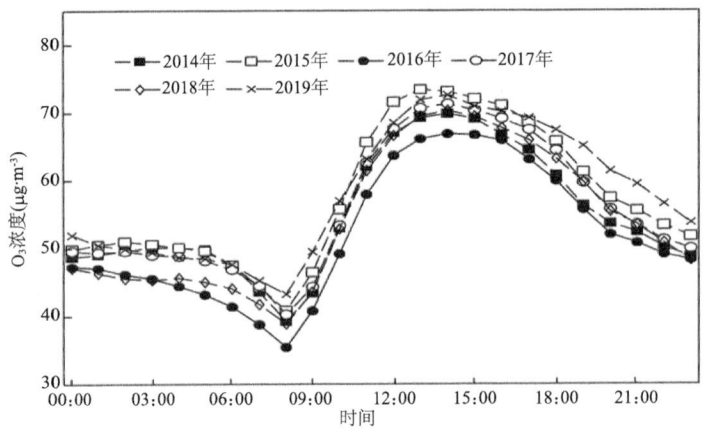

图 7.19　2014—2019 年三亚市 O_3 浓度日变化

7.3.4　三亚市臭氧浓度超标情况分析

我国城市空气质量采用的标准是《环境空气质量指数技术规定》,根据规定,$O_3-8\ h$ 浓度在 100 μg·m^{-3} 以下为优(一级),在 101~160 μg·m^{-3} 为良(二级),161~215 为轻度污染(三级),216~265 μg·m^{-3} 为中度污染(四级),266~800 μg·m^{-3} 为重度污染(五级)。因此,本节将 $O_3-8\ h$ 浓度超过 160 μg·m^{-3} 为超标日,并对 2014—2019 年三亚市 $O_3-8\ h$ 浓度超标情况进行了统计,结果如表 7.6 所示。总体而言,三亚市空气质量较好,2014—2019 年一级天数平均为 311.5 d,二级为 46.17 d,超标天数为 5.83 d,占全年天数的 1.61%。从不同年份上看,$O_3-8\ h$ 浓度超标天数最多的是 2014 年,为 8 d,超标率为 2.19%。而 2019 年尽管超标天数只有 6 d,但是一级天数降低至 297 d,为 2014—2019 年最低值,另外,二级天数达到了 55 d,结合前面的分析可知,2019 年平均 $O_3-8\ h$ 浓度最大,可能与二级天数增多有密切关系。

表 7.6　2014—2019 年三亚市 $O_3-8\ h$ 浓度各级别天数

年份	一级(d)	二级(d)	三级(d)	无效(d)	超标率(%)
2014	310	47	8	0	2.19
2015	304	55	6	0	1.64
2016	330	33	3	0	0.82
2017	309	50	5	1	1.38
2018	319	37	7	2	1.94
2019	297	55	6	7	1.71
平均	311.5	46.17	5.83	1.67	1.61

7.3.5 三亚市臭氧与前体物及气象因子的关系

为进一步研究三亚市 O_3 浓度与前体物和气象因子的关系,本节统计了 2014—2019 年 $O_3-8\ h$ 浓度和 NO_2 浓度,以及气象要素,结果见表 7.7。此外,还计算了三亚市年平均 $O_3-8\ h$ 与 NO_2 和气象要素的相关系数(表 7.8)。从表中可知,$O_3-8\ h$ 浓度与 NO_2、降水量、降水天数、日照时数和平均风速呈负相关关系,与平均气温和相对湿度呈正相关关系。$O_3-8\ h$ 浓度除了与降水量相关性较弱外,与其他各项参数相关系数均超过了 0.3。NO_2 是生成 O_3 的光化学反应主要参与者,2019 年 $O_3-8\ h$ 浓度达到了 72.58 $\mu g \cdot m^{-3}$,NO_2 也达到了 6 年的最低值,为 5.27 $\mu g \cdot m^{-3}$。高温、低湿是光化学反应的重要气象条件,风速大小对 O_3 浓度的影响主要体现在两个方面:其一是增强了大气的水平扩散能力,稀释本地 O_3 浓度,同时有可能加强外源输送(冯新宇,2019);其二是加强大气的垂直动能输送,有利于平流层 O_3 向地面传输(沈劲 等,2019)。日照时数对太阳紫外辐射有一定的指示意义,三亚市由于纬度较低,全年太阳紫外辐射均较强,因此,O_3 浓度更多地受其他气象因子影响。降水量和降水日数的增加,能较大程度地冲刷大气中的污染物,从而降低 O_3 浓度。

表 7.7 2014—2019 年三亚市 $O_3-8\ h$ 浓度与 NO_2 和气象要素统计

年份	$O_3-8\ h$ 浓度 ($\mu g \cdot m^{-3}$)	NO_2 浓度 ($\mu g \cdot m^{-3}$)	平均气温 (℃)	降水量 (mm)	降水日数 (d)	日照时数 (h)	相对湿度 (%)	平均风速 ($m \cdot s^{-1}$)
2014	68.56	12.97	22.92	1110.2	117	1897.8	91.24	5.00
2015	72.40	8.83	23.20	1489.8	128	2186.5	91.38	5.10
2016	66.33	8.22	23.11	1710.5	149	3796.0	84.42	5.91
2017	70.71	7.48	22.98	2057.9	157	2375.6	87.67	5.96
2018	69.44	7.06	22.76	1419.6	141	2031.6	89.21	5.08
2019	72.58	5.27	23.59	1140.9	120	2114.1	89.06	4.64

表 7.8 三亚市年平均 $O_3-8\ h$ 浓度与 NO_2 和气象要素的相关系数

项目	NO_2 浓度 ($\mu g \cdot m^{-3}$)	平均气温 (℃)	降水量 (mm)	降水日数 (d)	日照时数 (h)	相对湿度 (%)	平均风速 ($m \cdot s^{-1}$)
$O_3-8\ h$ 浓度 ($\mu g \cdot m^{-3}$)	−0.414	0.532	−0.168	−0.353	−0.648	0.594	−0.532

7.3.6 三亚市典型臭氧浓度超标事件分析

2019 年 11 月 4—5 日三亚市发生了一次 O_3 浓度超标事件,4 日和 5 日 $O_3-8\ h$ 浓度分别为 162 $\mu g \cdot m^{-3}$ 和 180 $\mu g \cdot m^{-3}$,对应的 AQI 分别为 102 和 119,达到了三级轻度污染。本节选取了 4 日 00:00 至 5 日 23:00 逐时 O_3 浓度、NO_2 浓度、相对湿

度、平均气温和风向风速资料进行分析。从图 7.20 中可知,此次过程三亚市低层基本维持东北风的风场控制,在 O_3 浓度上升时段,气温偏高,相对湿度偏低;O_3 浓度下降阶段,气温下降,相对湿度偏高。4 日凌晨 O_3 浓度维持较低水平,基本在 80 $\mu g \cdot m^{-3}$ 以下,而 NO_2 浓度也表现为稳定上升的过程。08:00 开始,随着太阳辐射的增强,气温上升,湿度降低,NO_2 参与光化学反应过程,浓度快速降低,并在 13:00 达到最低值(6 $\mu g \cdot m^{-3}$),而此时 O_3 浓度也达到了 4 日中的第一个峰值(152 $\mu g \cdot m^{-3}$)。随后 O_3 浓度表现为先下降,后快速上升的变化特征,并在 17:00 达到 4 日第二个峰值(183 $\mu g \cdot m^{-3}$),值得注意的是 13:00 之后 NO_2 浓度并没有下降,反而缓慢上升。结合风向风速可知,4 日 17:00 左右三亚市为东北风控制,而且风速偏大,有利于外来污染物输送到三亚市,因而此时 O_3 浓度和 NO_2 浓度均表现为上升的趋势。20:00 之后,随着光照强度和气温的下降,光化学反应减弱,O_3 浓度降低,5 日 08:00 达到最小值。与 4 日不同,5 日 O_3 浓度并没有出现两个峰值,而是表现为快速的上升,在 15:00 达到此次过程的最大值,O_3 浓度为 203 $\mu g \cdot m^{-3}$,从风向风速上看,三亚市此时风速偏弱,气温偏高,湿度较低,可能是由于海陆风加强有关,海风的出现部分抵消了背景风(东北风),不利于 O_3 浓度的扩散,其内在机制还有待于进一步研究。

对 2019 年 11 月 4—5 日三亚市一次 O_3 浓度超标事件分析发现,稳定的东北风风场、高温低湿的气象条件是造成此次过程的主要原因。此外,三亚市位于五指山山脉南麓,地形影响和海陆风效应可能会对此次过程有较大影响,相关的研究工作还有待于进一步深入开展。

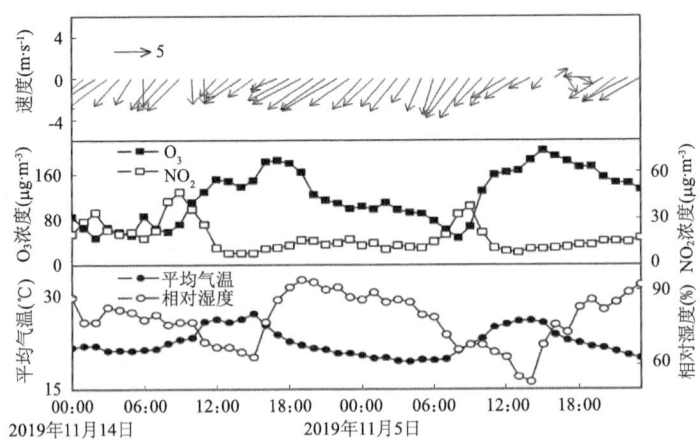

图 7.20　2019 年 11 月 4 日 00:00 至 5 日 23:00 三亚市 O_3、NO_2 浓度与气象要素逐时变化

第8章 基于卫星反演的海南省臭氧前体物浓度变化特征

结合第1章内容可知,城市中的臭氧主要是氮氧化物(NO_x)和可挥发性有机物(VOC_s)在太阳紫外光照射下发生光化学反应的产物,因此,O_3前体物的浓度变化会在较大程度上影响着城市O_3浓度的大小。对近地层大气污染物的研究主要基于地面观测站,在地面建立观测站进行全天候连续观测,能够直接得到反映大气污染物的地面浓度以及时间变化等较为准确的信息,但是由于观测仪器、设施昂贵,这种方法只能在有限的地点进行,而且也不能得到较为全面的空间覆盖。利用卫星遥感资料可以弥补这些不足,特别是像海南省这种边远地区,四周环海,站点布设稀疏,卫星遥感资料更能显示出它的优势(张兴赢 等,2007)。本章主要利用OMI卫星反演的高分辨率NO_2总柱浓度($TotNO_2$)和对流层NO_2柱浓度($TroNO_2$)资料,深入探讨海南省NO_2柱浓度时空变化特征,以期全面了解基于卫星遥感的海南省O_3前体物演变规律及其影响因素,为O_3污染防治工作提供理论依据。

8.1 海南省大气二氧化氮柱浓度空间分布

图8.1a和8.1b分别给出了2004年10月至2015年2月平均的华南地区$TotNO_2$和$TroNO_2$的空间分布。可以看出,珠三角地区的$TotNO_2$和$TroNO_2$均为华南地区的高值中心,其最大值分别为18×10^{15} molec·cm^{-2}和15×10^{15} molec·cm^{-2},人为因素的影响最为显著。而海南省人为排放影响也起到一定的作用,其陆地上$TotNO_2$和$TroNO_2$的空间分布也比同一纬度的海洋偏高。相比而言,海南省均表现为北半部高于南半部、中部山区低于四周沿海的特征,$TotNO_2$和$TroNO_2$存在明显的正相关关系。$TotNO_2$最大值出现在海南省北部沿海,为4.9×10^{15} molec·cm^{-2},中部山区最低,为3.7×10^{15} molec·cm^{-2},$TroNO_2$北部沿海最高,为2.1×10^{15} molec·cm^{-2},中部山区只为1×10^{15} molec·cm^{-2}。海南省大气NO_2的空间分布与人口分布、经济水平基本一致,北部沿海有海南省的省会城市海口市,其作为海南省的政治和经济中心,工业排放和交通排放等都是全省最高的,而且在海口市和澄迈县之间有一火电厂(华能海南中海发电股份有限公司马村电厂),其火电发电的燃烧排放对对流层NO_2的贡献不容忽视。中部山区是五指山山脉,人口稀少,工农业活动水平低,大气NO_2

分布较低，可见人为活动与海南省 NO_2 的分布有密切关系。

人为排放的 NO_2 主要停留在对流层(Lee et al.，1997)，而平流层中 NO_x 主要来源是 N_2O 和 20 km 高处飞行的超音速飞机的直接排放(Guus et al.，2001)，其浓度相对稳定。$TroNO_2$ 与 $TotNO_2$ 的比率一定程度上能反映出人为排放的影响。图 8.1 为 2004 年 10 月至 2015 年 2 月华南地区 $TotNO_2$ 柱浓度、$TroNO_2$ 柱浓度、$TroNO_2$ 与 $TotNO_2$ 比率，以及 $TroNO_2$ 与 $TotNO_2$ 相关系数的空间分布。可以看出，图 8.1c 的特征与图 8.1a 和 8.1b 基本一致，大值区出现在北半部，北部沿海可达 0.42，最低值出现在中部山区，为 0.26。位于南部的三亚市也出现一个高值中心 (0.3)，三亚市是海南省第二大城市，同时也是国内外有名的旅游胜地，特别是在冬季由于气候暖和，游客多选择冬季在三亚旅游，加大了三亚市的大气污染物排放，而且三亚市也有一个火电发电厂(华能海南中海发电股份有限公司南山电厂)，对该地区 $TroNO_2$ 浓度的增加有利。图 8.1d 给出了 $TroNO_2$ 和 $TotNO_2$ 相关系数，相关系数是通过每个像元逐月的值求出，从空间分布上看，与图 8.1c 略有不同，相关系数表现为东北地区高，西南地区低的分布特征。东北地区相关系数高达 0.95，说明人为排放的 NO_2 是该地区的主要贡献者。另外，在西北地区还有一个高值中心(相关系数达 0.95)，比率在 0.4 以上，该地区的昌江核电站大气污染物排放值得关注(张振州等，2014)。

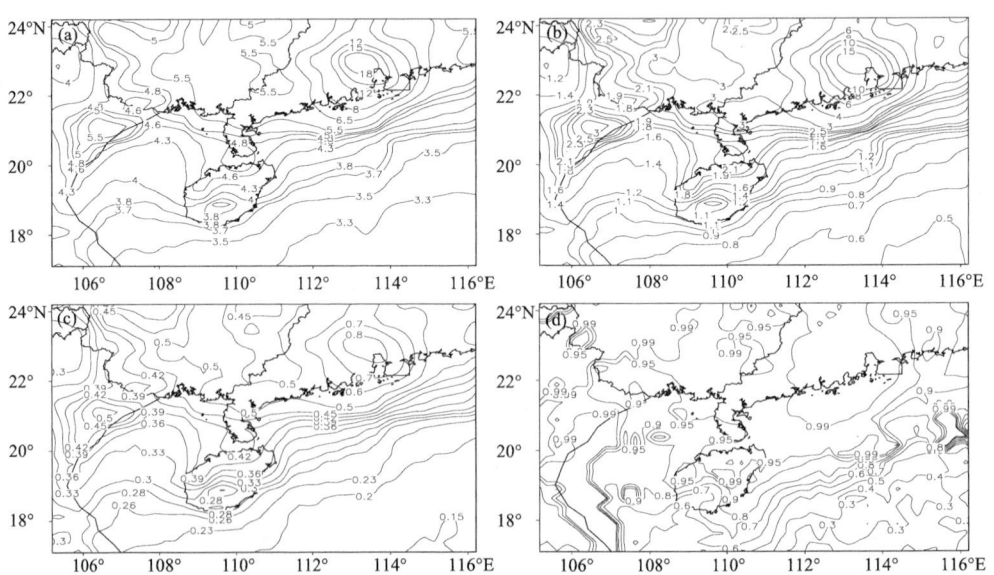

图 8.1 2004 年 10 月至 2015 年 2 月华南地区 $TotNO_2$(a，单位：10^{15} molec·cm^{-2})、$TroNO_2$(b，单位：10^{15} molec·cm^{-2})、$TroNO_2$ 与 $TotNO_2$ 比率(c)，以及 $TroNO_2$ 与 $TotNO_2$ 相关系数的空间分布(d)

8.2 海南省大气二氧化氮柱浓度变化特征

为了研究海南省 NO_2 的时间变化特征,图 8.2a 和 8.2b 分别给出了 2005—2014 年海南省和海口市月平均 $TroNO_2$、$TotNO_2$ 变化。海南省 $TroNO_2$ 和 $TotNO_2$ 有明显的季节性变化,冬季为峰值,夏季为谷值,这和前面的分析一致,而且 $TroNO_2$ 的变化和 $TotNO_2$ 的变化基本相同。从长时间的变化上看,海南省大气 NO_2 冬季(峰值)有逐年下降的趋势,特别是 $TroNO_2$ 冬季下降的趋势更为明显。2005 年 12 月 $TroNO_2$ 为 $3.168×10^{15}$ molec·cm^{-2},2012 年 12 月只为 $1.825×10^{15}$ molec·cm^{-2},下降了 $1.343×10^{15}$ molec·cm^{-2},而夏季(谷值)逐年有弱的上升趋势。这种冬夏季相反的变化趋势从比率(图 8.2c)上看得更为明显。海南省比率为 0.2~0.6,海口市比率偏高一些,在 0.3~0.7 浮动。但是冬季均出现了显著的下降,而夏季则为相反的上升趋势。表 8.1 进一步给出了海南省和海口市冬夏季比率变化对比,海口市冬季气候趋势系数为 -0.439,下降较为明显,海南省也有 -0.273 的下降,而夏季均表现为上升的趋势。这种冬夏季相反的变化趋势自然就引出一个重要的问题,海南省大气污染物是以本地排放为主还是外源输送为主?在经济高速发展的背景下,大气污染物本地排放增加,夏季海南省低层风向以偏南风为主,不利于污染物的输送,所以夏季大气污染物以本地排放为主,NO_2 浓度缓慢上升。冬季海南省低层在东北风场

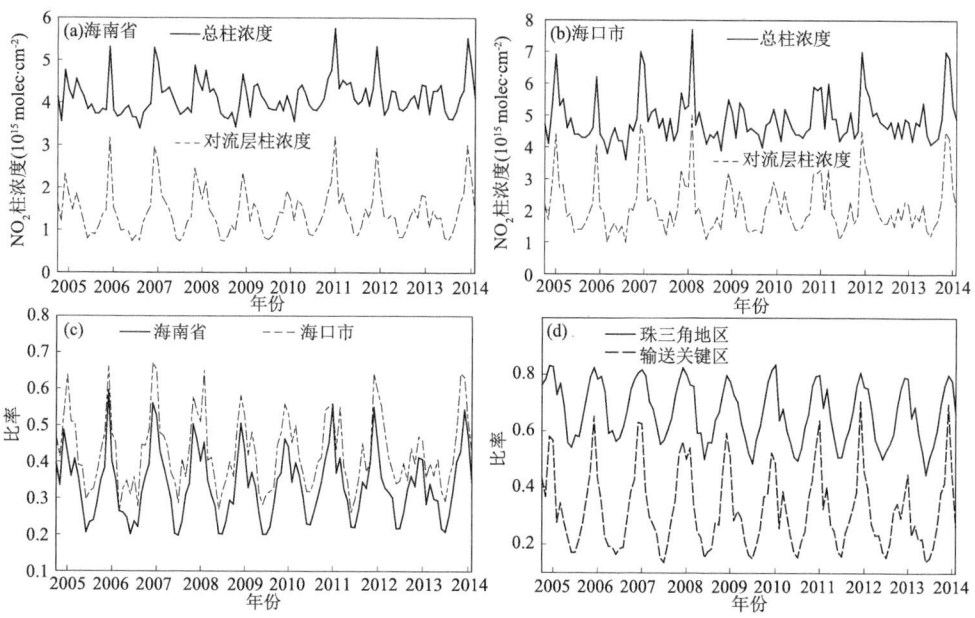

图 8.2 2004 年 10 月至 2015 年 2 月 $TroNO_2$、$TotNO_2$ 及比率变化
(a.海南省;b.海口市;c.海南省和海口市比率;d.珠三角地区和输送关键区比率)

控制下,有利于大气污染物从珠三角地区向海南省输送,大气污染物为本地排放与外源输送之和。如果冬季海南省大气污染物以外源输送为主,则其变化特征与输送源地和输送关键区有关。图 8.2d 为珠三角地区(112°~115.5°E,21.5°~24°N)和输送关键区(111.5°~113°E,19.5°~21°N)NO_2 比率的变化,可以发现,珠三角地区 NO_2 比率近 10 年来表现为明显的下降趋势,与海南省冬季 NO_2 比率一致,而且输送关键区冬季 NO_2 比率的变化与海南省极为相似,也主要表现为逐年下降的趋势,这也进一步说明冬季海南省大气污染物与珠三角地区的外源输送有密切关系。

长时间变化研究表明,近 10 年来海南省大气 NO_2 冬夏季有相反的变化趋势,冬季逐年下降,夏季则有弱的上升趋势。其原因可能是夏季大气污染物以本地排放为主,冬季外源输送起主要贡献作用。

表 8.1 海南省和海口市冬夏季比率变化对比

地区	季节	平均值	均方差	回归系数(a^{-1})	气候趋势系数
海南省	冬季	0.439	0.036	−0.003	−0.273
	夏季	0.224	0.011	0.002	0.440
海口市	冬季	0.534	0.048	−0.007	−0.439
	夏季	0.323	0.018	0.002	0.255

8.3 海南省大气二氧化氮柱浓度季节变化

8.3.1 海南省大气二氧化氮柱浓度逐月变化

大气中 NO_2 由于受到气象条件、太阳辐射和人为排放的季节性影响,所以表现出明显的季节变化。图 8.3a 和 8.3b 分别给出了海南省和海口市 $TroNO_2$、$TotNO_2$ 以及比率月变化。可以看出,海南省 $TroNO_2$ 和 $TotNO_2$ 均表现为冬季高、夏季低的变化特点,而且 $TroNO_2$ 的变化幅度比 $TotNO_2$ 明显。比率最高出现在 12 月为 0.51,6 月最低为 0.21。相比而言,海口市的 $TroNO_2$ 和 $TotNO_2$ 偏高于海南省平均,而且季节特征更为显著。夏季是海南省最主要的降水季节,雨水的冲刷作用不利于大气 NO_2 浓度的升高,而且夏季海南省低层多为偏南风风场,南边是广阔的南海,没有明显的外源污染物输送作用。冬季一方面海南省旅游人口增多,加重本地污染物排放;另一方面在冬季风作用下,海南省低层多为东北风场控制,海南省东北方向有国内著名,经济高度发展的珠江三角洲地区,大气污染物在东北风的作用下,有利于向海南省方向输送,而且受到五指山的阻挡作用,海南省北半部地区大气 NO_2 浓度会明显升高,这和前面海南省 NO_2 空间分布的分析一致。

图 8.4 给出了 2014 年海口市雨日和无雨日 AQI 与降水天数的逐月变化。可以发现两个特点,一是降水天数与 AQI 呈反相关关系,即降水天数偏多时(如 8 月),

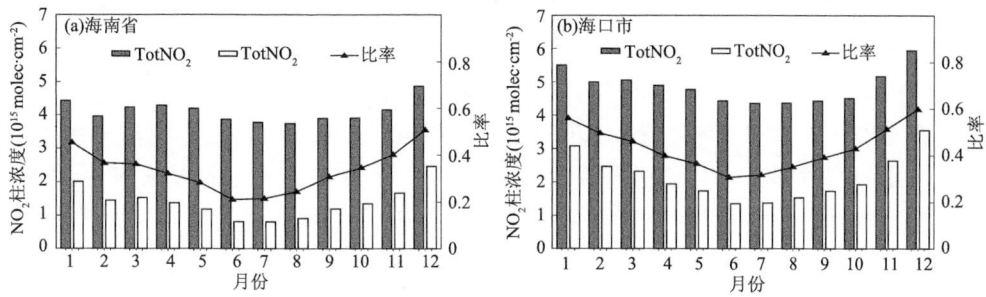

图 8.3　2004 年 10 月至 2015 年 2 月 TroNO$_2$、TotNO$_2$ 以及比率月变化

AQI 偏小；而降水天数偏少时（如 1 月），AQI 偏大，这也进一步验证了"雨水的清除作用不利于大气污染物浓度的上升"这一结论。其二是对比雨日和无雨日 AQI 可以发现，1—4 月由于降水天数偏少，雨水清除作用弱，加上有北方污染物的输送，雨日 AQI 偏高于无雨日。而进入 5 月以后，随着降水天数的增加，雨水对大气污染物的清除作用得到加强，致使雨日 AQI 降低，无雨日 AQI 高于雨日。另外，降水持续时间和雨强等都有可能影响雨水对污染物的清除作用。

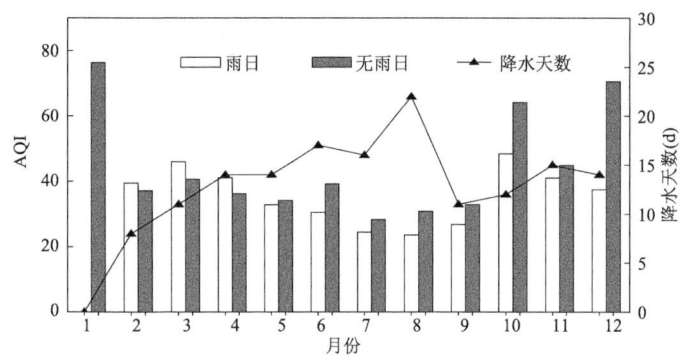

图 8.4　2014 年海口市雨日和无雨日 AQI 与降水天数逐月变化

8.3.2　海南省对流层二氧化氮柱浓度季节变化

图 8.5 给出华南地区 TroNO$_2$ 季节变化空间分布。可以看出，珠三角地区有 TroNO$_2$ 的高值区，这和年平均（图 8.1b）一样，中心值在冬春季高达 15×10^{15} molec·cm^{-2}，而且冬季海南省北部 TroNO$_2$ 在 3×10^{15} molec·cm^{-2} 以上区域与珠三角地区相连在一起，这也表明珠三角地区的输送作用对海南省冬季大气污染物有显著影响（符传博 等，2015a）。对于海南省而言，TroNO$_2$ 的季节变化十分明显，最大值出现在冬季，春季和秋季次之，夏季最小。不同季节海南省的 TroNO$_2$ 分布也不尽相同，春季海南省 TroNO$_2$ 呈现西北向东南递减的分布特征，西北部最大值可达 2×10^{15} molec·cm^{-2} 以

上,而且与北部湾、广西和雷州半岛等地相连,这是否与春季青藏高原东部冷空气向东南部扩散有关,还有待进一步研究。夏季海南省 TroNO$_2$ 明显减小,只有北半部沿海有 $1.2×10^{15}$ molec·cm^{-2} 以上的分布,其余地区基本在 $1×10^{15}$ molec·cm^{-2} 以下。秋季与夏季的分布特征基本一致,只是 $1.2×10^{15}$ molec·cm^{-2} 以上的范围略微大一些。冬季海南省的 TroNO$_2$ 明显增大,超过 $3×10^{15}$ molec·cm^{-2} 的区域有北部沿海和东部等地,通过前面的分析我们知道,这些地区在冬季风的背景下,容易受到外源输送的影响,加上以上地区经济较为发达,本地排放要高于其他区域,因此,TroNO$_2$ 偏高。其他大部分地区在 $2×10^{15}$ ~ $3×10^{15}$ molec·cm^{-2},只有中部和南部局地在 $1.6×10^{15}$ molec·cm^{-2} 以下,这些地区在冬季风的背风方向,外源输送偏弱。

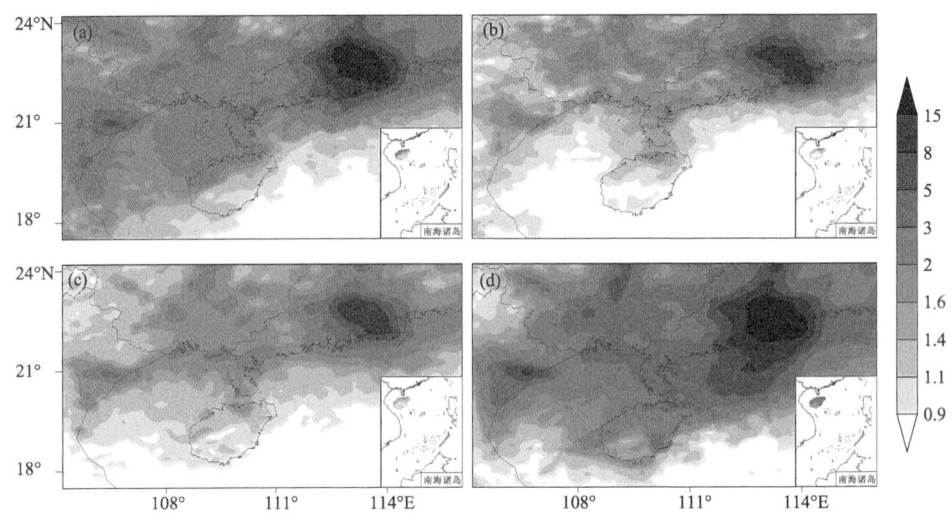

图 8.5 2004 年 10 月至 2015 年 2 月华南地区 TroNO$_2$ 季节变化空间分布(单位:10^{15} molec·cm^{-2})
(a.春季;b.夏季;c.秋季;d.冬季)

8.4 海南省对流层二氧化氮柱浓度年际变化

图 8.6 给出了海南省和海口市四季 TroNO$_2$ 与标准差年际变化,其中标准差反映季节差异。除了 2009 年和 2010 年以外,冬季均是四季中 TroNO$_2$ 最高的季节,2005 年和 2013 年冬季 TroNO$_2$ 均超过 $3×10^{15}$ molec·cm^{-2},海口市在 2011 年和 2013 年则超过了 $4×10^{15}$ molec·cm^{-2},NO$_2$ 污染较为严重。近 10 年来海南省四季的 TroNO$_2$ 均有不同程度的上升(表 8.2),而其季节变化幅度有增大的趋势,即污染较重的季节与较轻的季节差异越来越显著,这从近 10 年标准差的变化上看更为明显,这一现象值得关注。2010 年 4 月我国政府提出建设海南国际旅游岛的政策方针,致使近年来到海南过冬的"候鸟老人"急剧增多(黎莉 等,2015),冬季到海南旅游

过冬的人口增加,必然造成能源的进一步消耗,大气污染物排放增多,而夏季由于海南省天气炎热,湿度偏高,大部分游客选择在北方天气凉爽的地方避暑,所以这也可能是海南省 $TroNO_2$ 季节差异加大的主要原因之一。

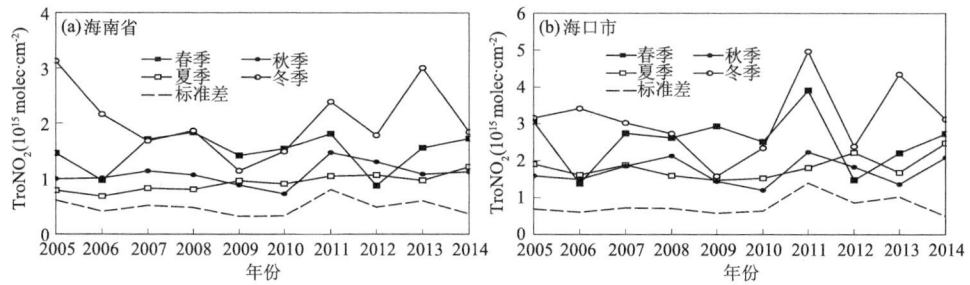

图 8.6 2005—2014 年海南省(a)和海口市(b)四季 $TroNO_2$ 与标准差年际变化

表 8.2 海南省和海口市四季 $TroNO_2$ 统计分析

地区	季节	平均值 (10^{15} molec·cm^{-2})	均方差 (10^{15} molec·cm^{-2})	回归系数 (10^{15} molec·cm^{-2}·a^{-1})	气候趋势系数	信度
海南省	春季	1.491	0.314	0.135	0.14	不显著
	夏季	0.930	0.151	0.426	0.90	99.9%
	秋季	1.083	0.197	0.199	0.32	不显著
	冬季	2.049	0.603	−0.171	−0.09	不显著
海口市	春季	2.557	0.703	0.002	0.0	不显著
	夏季	1.821	0.303	0.434	0.48	90%
	秋季	1.724	0.338	0.190	0.18	不显著
	冬季	3.107	0.931	0.572	0.20	不显著

8.5 对流层二氧化氮柱浓度与国内生产总值、人口分布和能源消耗等的关系

$TroNO_2$ 浓度与人为活动息息相关。一般而言,经济越发达的地区,工业化程度越高,其大气污染越严重(符传博 等,2014)。图 8.7 给出了 2013 年海南各市(县) GDP 总量和人口分布。可以看出,海南省沿海市(县)GDP 平均要大于中部山区的市(县),特别是位于北部沿海的海口市,2013 年 GDP 高达 904.64 亿元。人口分布也体现了这一特征,这与 $TroNO_2$ 分布基本一致。海南省沿海市(县)经济发展快速,人口高度聚集,开发建设活动大,植被覆盖率低,地面扬尘和建筑扬尘多发,以及工业、交通等人为污染源较多,大气污染相对严重。而中部山区市(县)经济欠发达,人

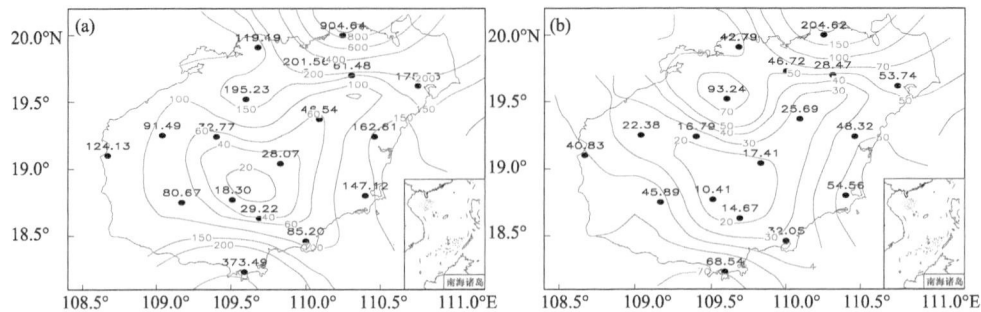

图 8.7　2013 年海南省各市(县)GDP 总量(a,单位:亿元)和总人口(b,单位:万人)分布
(数据来源:《海南统计年鉴 2013》)

口密度低,人为污染源较少,大气环境问题相对不突出。SO_2 和 NO_2 作为城市最主要的污染气体,其污染源基本一样。图 8.8 给出了 2005—2014 年海南省和海口市 $TroNO_2$、SO_2 排放总量,以及民用汽车拥有量年际变化。图 8.8a 表明,海南省 2009 年以后 SO_2 排放总量有明显的上升趋势,而海南省和海口市 $TroNO_2$ 在 2010 年后也有显著的上升,虽然存在 1 年左右的滞后性,但其变化趋势基本一致。另外,随着城市的扩大化,机动车增长迅猛,机动车尾气 NO_2 排放量也逐年增加,而且已成为仅次于工业污染源的 NO_2 重要来源(王小霞,2012)。而且 NO_2 可诱发光化学反应生成二次气溶胶粒子,加重大气复合型污染(刘璐,2011)。图 8.8b 表明近 10 年来海南省民用机动车拥有量呈现快速的增加趋势,2014 年海南省民用机动车拥有量超过 70 万辆,机动车尾气 NO_2 排放不容忽视。

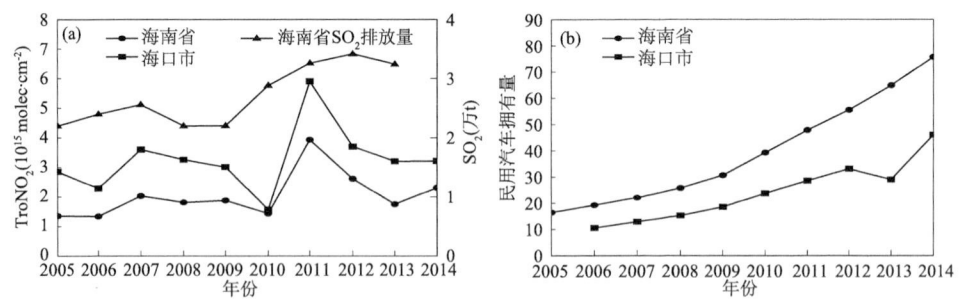

图 8.8　2005—2014 年海南省和海口市 $TroNO_2$、SO_2 排放总量
(a,单位:万 t),以及民用汽车拥有量(b,单位:万辆)年际变化

参考文献

安俊琳,王跃思,孙扬,2009.气象因素对北京臭氧的影响[J].生态环境学报,18(3):944-951.

安俊琳,杭一纤,朱彬,等,2010.南京北郊大气臭氧浓度变化特征[J].生态环境学报,19(6):1383-1386.

白志鹏,蔡斌彬,董海燕,等,2006.灰霾的健康效应[J].环境污染与防治,28(3):198-201.

蔡长杰,耿福海,俞琼,等,2010.上海中心城区夏季挥发性有机物(VOCs)的源解析[J].环境科学学报,30(5):926-934.

曹京昊,康萌,邹雪,等,2017.合肥董铺水库大气VOCs成分变化特征及源解析[J].大气与环境光学学报,12(5):362-370.

陈秋方,孙在,谢小芳,2014.杭州灰霾天气超细颗粒浓度分布特征[J].环境科学,35(8):2851-2856.

程麟钧,王帅,宫正宇,等,2017.中国臭氧浓度的时空变化特征及分区[J].中国环境科学,37(11):4003-4012.

程麟钧,2018.我国臭氧污染特征及分区管理方法研究[D].北京:中国地质大学.

程念亮,李云婷,张大伟,等,2016.2014年北京市城区臭氧超标日浓度特征及与气象条件的关系[J].环境科学,37(6):2041-2051.

邓爱萍,陆维青,杨雪,2017.2013—2017年江苏省环境空气中首要污染物变化分析研究[J].环境科学与管理,42(12):23-26.

丁一汇,任国玉,石广玉,等,2006.气候变化国家评估报告(Ⅰ):中国气候变化的历史和未来趋势[J].气候变化研究进展,2(1):3-9.

丁一汇,柳艳菊,2014.近50年我国雾和霾的长期变化特征及其与大气湿度的关系[J].科学通报,44(1):37-48.

段晓瞳,曹念文,王潇,等,2017.2015年中国近地面臭氧浓度特征分析[J].环境科学,38(12):4976-4982.

段玉森,张懿华,王东方,等,2011.我国部分城市臭氧污染时空分布特征分析[J].环境监测管理与技术,12(23):34-39.

冯锦明,赵天保,张英娟,2004.基于台站降水资料对不同空间内插方法的比较[J].气候与环境研究,9(2):261-277.

冯新宇,2019.2013—2017年太原市臭氧浓度变化特征[J].环境化学,38(8):1899-1905.

冯兆忠,李品,袁相洋,等,2018.我国地表臭氧生态环境效应研究进展[J].生态学报,38(5):1530-1541.

符传博,吴涧,丹利,2011.近50年云南省雨日及降水量的气候变化[J].高原气象,30(4):1027-1033.

符传博,丹利,吴涧,等,2013.近46年西南地区晴天日照时数变化特征及其原因初探[J].高原气象,32(6):1729-1738.

符传博,丹利,2014.重污染下我国中东部地区 1960—2010 年霾日数的时空变化特征[J].气候与环境研究,19(2):219-226.

符传博,陈有龙,丹利,等,2015a.近 10 年海南岛大气 NO_2 的时空变化及污染物来源解析[J].环境科学,37(9):18-24.

符传博,唐家翔,丹利,等,2015b.2013 年冬季海口市一次气溶胶粒子污染事件特征及成因解析[J].环境科学学报,35(1):72-79.

符传博,唐家翔,丹利,等,2016a.基于卫星遥感的海南地区对流层 NO_2 长期变化及成因分析[J].环境科学学报,36(4):1402-1410.

符传博,唐家翔,丹利,等,2016b.2014 年海口市大气污染物演变特征及典型污染个例分析[J].环境科学学报,36(6):2160-2169.

符传博,唐家翔,丹利,等,2016c.1960—2013 年我国霾污染的时空变化[J].环境科学,37(9):3237-3248.

符传博,丹利,唐家翔,等,2018.近 33 年海南岛霾污染的气候特征及天气型分类[J].气候变化研究快报,7(5):371-380.

符传博,丹利,唐家翔,等,2020.基于轨迹模式分析海口市大气污染的输送及潜在源区[J].环境科学学报,40(1):36-42.

甘肃环境保护所大气化学组,1980.兰州西固区光化学烟雾污染的初步探讨[J].环境科学(5):24-30.

葛跃,王明新,白雪,等,2017.苏锡常地区 $PM_{2.5}$ 污染特征及其潜在源区分析[J].环境科学学报,37(3):803-813.

耿春梅,王宗爽,任丽红,等,2014.大气臭氧浓度升高对农作物产量的影响[J].环境科学研究,27(3):239-245.

耿福海,毛晓琴,铁学熙,等,2010.2006—2008 年上海地区臭氧污染特征与评价指标研究[J].热带气象学报,26(5):584-590.

耿福海,刘琼,陈勇航,2012.近地面臭氧研究进展[J].沙漠与绿洲气象,6(6):8-14.

国家统计局,2019.2018 年国民经济和社会发展统计公报[OL].[2019-02-28].http://www.gov.cn/shuju/2019-02/28/content_5369270.htm.

海南省气象局,2013.海南省天气预报技术手册[M].北京:气象出版社.

何礼,束炯,钟方潜,等,2019.上海海陆风特征及其对臭氧浓度的影响[J].环境监测管理与技术,31(3):17-21.

洪盛茂,焦荔,何曦,等,2009.杭州市区大气臭氧浓度变化及气象要素影响[J].应用气象学报,20(5):602-611.

洪也,杨婷,王喜全,等,2015.辽宁中部城市群灰霾污染的外来影响[J].气候与环境研究,20(6):675-684.

侯梦玲,王宏,赵天良,等,2017.京津冀一次重度雾霾天气能见度及边界层关键气象要素的模拟研究[J].大气科学,41(6):1177-1190.

胡正华,孙银银,李琪,等,2012.南京北郊春季地面臭氧与氮氧化物浓度特征[J].环境工程学报,6(6):1995-2000.

参考文献

环保部环境规划院,2016.北京的 PM$_{2.5}$ 真是河北刮来的?[J].中国经济周刊,2016(28):9-9.

环境保护部,2016.环境空气质量指数技术规定[S].北京:中国环境科学出版社.

吉正元,杨林,张晶,2018.云南高原城市臭氧污染特征及成因分析[J].可持续发展,8(1):1-12.

贾海鹰,孟凡,柴发合,等,2016.2013 年北京市臭氧时空分布及预报[J].环境工程学报,10(4):1900-1905.

江滢,罗勇,赵宗慈,2010.全球气候模式对未来中国风速变化预估[J].大气科学,34(2):323-336.

姜允迪,祁斌,2000.兰州城区臭氧浓度时空变化特征及其与气象条件的关系[J].兰州大学学报(自然科学版),36(5):118-125.

黎莉,王珏,陈棠,2015.从旅游业角度看海南"候鸟式"养老的发展[J].地域研究与开发,34(1):100-104.

李斌,张鑫,李娜,等,2018.北京市春夏挥发性有机物的污染特征及源解析[J].环境化学,37(11):2410-2418.

李崇,袁子鹏,吴宇童,等,2017.沈阳一次严重污染天气过程持续和增强气象条件分析[J].环境科学研究,30(3):349-358.

李莉,2013.典型城市群大气复合污染特征的数值模拟研究[D].上海:上海大学.

李莉,蔡鋆琳,周敏,2015.2013 年 12 月中国中东部地区严重灰霾期间上海市颗粒物的输送途径及潜在源区贡献分析[J].环境科学,36(7):2327-2336.

李令军,王英,2011.基于卫星遥感与地面监测分析北京大气 NO$_2$ 污染特征[J].环境科学学报,31(12):2762-2768.

李明华,范绍佳,王宝民,等,2007.2004 年 10 月珠江口西岸海陆风特征观测研究[J].中山大学学报(自然科学版),46(2):123-125.

李全喜,王金艳,刘筱冉,等,2018.兰州市区臭氧时空分布特征及气象和环境因子对臭氧的影响[J].环境保护科学,44(2):78-84.

李顺姬,李红,陈妙,等,2018.气象因素对西安市西南城区大气中臭氧及其前体物的影响[J].气象与环境学报,34(4):59-67.

李霄阳,李思杰,刘鹏飞,等,2018.2016 年中国城市臭氧浓度的时空变化规律[J].环境科学学报,38(4):1263-1274.

李云燕,葛畅,2017.我国三大区域 PM$_{2.5}$ 源解析研究进展[J].现代化工,37(4):1-5.

廖晓农,张小玲,王迎春,等,2014.北京地区冬夏季持续性雾-霾发生的环境气象条件对比分析[J].环境科学,35(6):2031-2044.

刘楚薇,连鑫博,黄建平,2020.我国臭氧污染时空分布及其成因研究进展[J].干旱气象,38(3):355-361.

刘烽,徐怡珊,2017.臭氧数值预报模型综述[J].中国环境监测,33(4):1-16.

刘建,吴兑,范绍佳,等,2017.前体物与气象因子对珠江三角洲臭氧污染的影响[J].中国环境科学,37(3):813-820.

刘鲁宁,申雨璇,辛金元,等,2013.秦皇岛大气污染物浓度变化特征[J].环境科学,34(6):2089-2097.

刘璐,2011.机动车排放 VOCs 和 NO$_X$ 对形成大气光化学氧化剂影响的模拟[D].西安:长安大学.

刘希文,徐晓斌,林伟立,2010.北京及周边地区典型站点近地面 O_3 的变化特征[J].中国环境科学,30(7):946-953.

刘小正,楼晟荣,陈勇航,等,2016.基于 OMI 数据的中国中东部城市近地面臭氧时空分布特征研究[J].环境科学学报,36(8):2811-2818.

卢文,王红磊,朱彬,等,2019.南京江北 2014—2016 年 $PM_{2.5}$ 质量浓度分布特征及气象和传输影响因素分析[J].环境科学学报,39(4):1039-1048.

陆倩,付娇,王朋朋,等,2019.河北石家庄市近地层臭氧浓度特征及气象条件分析[J].干旱气象,37(5):836-843.

门奇,杨德敏,黄莹莹,等,2018.重庆市江北区臭氧时空分布特征[C]//《环境工程》2018 年全国学术年会论文集(下册).北京:《工业建筑》杂志社.

孟晓艳,宫正宇,叶春霞,等,2017.2013—2016 年 74 城市臭氧浓度变化特征[J].中国环境监测,33(5):101-108.

尼霞次仁,任培,阿琼,等,2019.拉萨市臭氧浓度时空分布变化特征分析[J].高原科学研究,9(4):58-65.

钤伟妙,张艳品,陈静,等,2018.石家庄大气污染物输送通道及污染源区研究[J].环境科学学报,38(9):3438-3448.

邱晓暖,范绍佳,2013.海陆风研究进展与我国沿海三地海陆风主要特征[J].气象,39(2):186-193.

任传斌,吴立新,张媛媛,等,2016.北京城区 $PM_{2.5}$ 输送途径与潜在源区贡献的四季差异分析[J].中国环境科学,36(9):2591-2598.

沈劲,黄晓波,汪宇,等,2017.广东省臭氧污染特征及其来源解析研究[J].环境科学学报,37(12):4449-4457.

沈劲,何灵,程鹏,等,2019.珠三角北部背景站臭氧浓度变化特征[J].生态环境学报,28(10):2006-2011.

施能,陈家其,屠其璞,1995.中国近 100 年四个年代际的气候变化特征[J].气象学报,53(4):531-539.

施能,黄先香,杨扬,2003.1948—2000 年全球陆地年降水量场趋势变化的时、空特征[J].大气科学,27(6):971-982.

石春娥,翟武全,杨军,等.2008.长江三角洲地区四省会城市 PM_{10} 污染特征[J].高原气象,27(2):408-414.

束炯,1987.上海城市在热岛和海风锋影响下特大暴雨的初步分析[J].华东师范大学学报(自然科学版),(4):81-87.

宋娜,徐虹,毕晓辉,等,2015.海口市 $PM_{2.5}$ 和 PM_{10} 来源解析[J].环境科学研究,28(10):1501-1509.

苏超,2016.海口市环境空气质量、污染特征及其影响因素研究[D].海口:海南大学.

孙家仁,许振成,刘煜,等,2011.气候变化对环境空气质量影响的研究进展[J].气候与环境研究,16(6):805-814.

孙彧,牛涛,马振峰,等,2013.最近 40 年中国雾日数和霾日数的气候变化特征[J].气候与环境研究,18(3):397-406.

参考文献

佟华,陈仲良,桑建国,2004.城市边界层数值模式研究以及在香港地区复杂地形下的应用[J].大气科学,28(6):957-978.

涂小萍,姚日升,高爱臻,等,2019.浙江北部一次爆发式发展重度大气污染的气象特点和成因[J].环境科学学报,39(5):1443-1451.

汪明圣,郭世昌,2017.ENSO 循环对东亚地区平流层臭氧分布的影响[J].高原气象,36(3):865-874.

王郭臣,王东启,陈振楼,2016.北京冬季严重污染过程的 $PM_{2.5}$ 污染特征和输送路径及潜在源区[J].中国环境科学,36(7):1931-1937

王玫,郑有飞,柳艳菊,等,2019.京津冀臭氧变化特征及与气象要素的关系[J].中国环境科学,39(7):2689-2698.

王茜,2013.利用轨迹模式研究上海大气污染的输送来源[J].环境科学研究,26(4):357-363.

王珊,修天阳,孙扬,等,2014.1960—2012 年西安地区雾霾日数与气象因素变化规律分析[J].环境科学学报,34(1):19-26.

王世强,黎伟标,邓雪娇,等,2015.广州地区大气污染物输送通道的特征[J].中国环境科学,35(10):2883-2890.

王小霞,2012.道路机动车尾气污染物排放量的预测与控制措施研究[D].西安:长安大学.

王新敏,邹旭凯,翟盘茂,2007.北半球温带气旋的变化[J].气候变化研究进展,3(3):154-157.

王雪松,李金龙,张远航,等,2009.北京地区臭氧污染的来源分析[J].中国科学 B 辑:化学,39(6):548-559.

王耀庭,李威,张小玲,等,2012.北京城区夏季静稳天气下大气边界层与大气污染的关系[J].环境科学研究,25(10):1092-1098.

王占山,李云婷,安欣欣,等,2018.2006—2015 年北京市不同地区 O_3 浓度变化[J].环境科学,39(1):1-8.

文雯,李国平,谢娜,等,2019.2015 年成都市空气质量指数特征及其与大气水汽的关系[J].沙漠与绿洲气象,13(1):23-30.

吴兑,2003.华南气溶胶研究的回顾与展望[J].热带气象学报,19(S):145-151.

吴锴,康平,王占山,等,2017.成都市臭氧污染特征及气象成因研究[J].环境科学学报,37(11):4241-4252.

吴锴,康平,于雷,等,2018.2015—2016 年中国城市臭氧浓度时空变化规律研究[J].环境科学学报,38(6):2179-2190.

吴蒙,罗云,吴兑,等,2016.珠三角干季海陆风特征及其对空气质量影响的观测[J].中国环境科学,36(11):3263-3272.

肖钟湧,江洪,程苗苗,2011a.利用 OMI 遥感数据研究中国区域大气 NO_2[J].环境科学学报,31(10):2080-2090.

肖钟湧,江洪,2011b.四川盆地大气 NO_2 特征研究[J].中国环境科学,31(11):1782-1788.

谢鹏,刘晓云,刘兆荣,等,2010.珠江三角洲地区大气污染对人群健康的影响[J].中国环境科学,30(7):997-1003.

徐海军,黄震方,侯兵,2011.海岛旅游研究新进展对海南国际旅游岛建设的启示[J].旅游学刊,26

(4):37-44.

徐慧,张晗,邢振雨,2015.厦门冬春季大气VOCs的污染特征及臭氧生成潜势[J].环境科学,36(1):11-17.

徐锟,刘志红,何沐全,等,2018.成都市夏季近地面臭氧污染气象特征[J].中国环境监测,34(5):36-45.

徐文帅,邢巧,孟鑫鑫,等,2017.海口市臭氧污染特征[J].中国环境监测,33(4):186-193.

徐祥德,王寅钧,赵天良,等,2015.中国大地形东侧霾空间分布"避风港"效应及其"气候调节"影响下的年代际变异[J].科学通报,60(12):1132-1143.

徐晓斌,林伟立,2010.卫星观测的中国地区1979—2005年对流层臭氧变化趋势[J].气候变化研究进展,6(2):100-105.

徐怡珊,文小明,苗国斌,等,2018.臭氧污染及防治对策[J].中国环保产业,(6):35-38.

严茹莎,陈敏东,高庆先,等,2013.北京夏季典型臭氧污染分布特征及影响因子[J].环境科学研究,26(1):43-49.

杨辉,朱彬,高晋徽,等,2013.南京市北郊夏季挥发性有机物的源解析[J].环境科学,34(12):4519-4528.

杨旭,张小玲,康延臻,等,2017.京津冀地区冬半年空气污染天气分型研究[J].中国环境科学,37(9):3201-3209.

姚青,孙玫玲,刘爱霞,2009.天津臭氧浓度与气象因素的相关性及其预测方法[J].生态环境学报,18(6):2206-2210.

余益军,孟晓艳,王振,等,2020.京津冀地区城市臭氧污染趋势及原因探讨[J].环境科学,41(1):106-114.

俞布,朱彬,窦晶晶,等,2017.杭州地区污染天气型及冷锋输送清除特征[J].中国环境科学,37(2):452-459.

翟羽,庄雪球,曹卫洁,2015.三亚"候鸟型"养老产业发展的现状与对策探索[J].产业与科技论坛,14(15):20-21.

张春辉,刘群,徐徐,等,2019.贵阳市臭氧浓度变化及与气象因子的关联性[J].中国环境监测,35(3):32-92.

张丽亚,吴涧,2014.近几十年中国小雨减少趋势及其机制的研究进展[J].暴雨灾害,33(3):202-207.

张倩倩,张兴赢,2019.基于卫星和地面观测的2013年以来我国臭氧时空分布及变化特征[J].环境科学,40(3):1132-1142.

张小曳,孙俊英,王亚强,等,2013.我国雾—霾成因及其治理的思考[J].科学通报,58(13):1178-1187.

张兴赢,张鹏,张艳,等,2007.近10a中国对流层NO_2的变化趋势、时空分布特征及其来源解析[J].中国科学(D:地球科学),37(10):1409-1416.

张亚杰,车秀芬,张京红,等,2017.卫星遥感监测海南地区对流层CO_2浓度时空变化特征[J].环境科学研究,30(5):688-696.

张翼翔,尹沙沙,袁明浩,等,2019.郑州市春季大气挥发性有机物污染特征及源解析[J].环境科学,40(10):4372-4381.

张振州,蔡旭晖,康凌,等,2014.海南岛地区大气输送和扩散特征的数值模拟[J].环境科学学报, 34(2):281-289.

赵辰航,耿福海,马承愚,等,2015.上海地区光化学污染中气溶胶特征研究[J].中国环境科学,35 (2):356-363.

赵蕾,吴坤悌,陈明,2019.2013—2016年海口市空气质量特征及典型个例污染物来源分析[J].气象与环境学报,35(5):63-69.

赵娜,马翠平,李洋,等,2017.河北重度污染天气分型及其气象条件特征[J].干旱气象,35(5): 839-846.

赵普生,张小玲,徐晓峰,2011.利用日均及14时气象数据进行霾日判定的比较分析[J].环境科学学报,31(4):704-708.

赵伟,高博,刘明,等,2019.气象因素对香港地区臭氧污染的影响[J].环境科学,40(1):57-68.

赵阳,邵敏,王琛,等,2011.被动采样监测珠江三角洲 NO_x、SO_2 和 O_3 的空间分布特征[J].环境科学,32(2):324-329.

周莉,周慧,杨云芸,等,2018.2014年秋季长株潭城市群一次典型霾污染天气过程的气象特征及成因分析[J].气象与环境科学,41(1):41-48.

周沙,刘宁,刘朝顺,2017.2013—2015年上海市霾污染事件潜在源区贡献分析[J].环境科学学报, 37(5):1835-1842.

周述学,王兴,弓中强,等,2017.长江三角洲西部地区 $PM_{2.5}$ 输送轨迹分类研究[J].气象学报,75 (6):996-1010.

朱彤,尚静,赵德峰,2010.大气复合污染及灰霾形成中非均相化学过程的作用[J].中国科学:化学,40(12):1731-1740.

朱于红,张自力,田平,等,2015.基于卫星遥感的浙北平原气溶胶光学特性长期变化分析[J].环境科学学报,35(2):352-362.

邹旭东,李岱松,杨洪斌,2006.我国北方地区的污染天气分型[J].气象与环境学报,2006,22(6): 53-55.

ANENERG S C, HOROWITZ L W, TONG D Q, et al, 2010. An estimate of the global burden of anthropogenic ozone and fine particulate matter on premature human mortality using atmospheric modeling [J]. Environmental Health Perspectives,118(9):1189-1195.

BEDDOWS A V,KITWEROON N,WILLIAMS M L,et al,2017. Emulation and sensitivity analysis of the community multiscale air quality model for a UK ozone pollution episode [J]. Environmental Science & Technology,51(11):6229-6236.

BREWER D A T R, AUGUSTSSON J S, LEVINE, 1983. The photochemistry of anthropogenic non-methane hydrocarbons in the troposphere [J]. Journal Geophysical Research, 88: 6683-6695.

CELARIER E A,BRINKSMA E J,GLEASON J F,et al,2008. Validation of ozone monitoring instrument nitrogen dioxide columns [J]. Journal of Geophysical Research,113 (D15S15),doi: 10.1029/2007JD008908.

CHAMEIDES W L, WALKER A J, 1976. Time dependent photochemical model for ozone near the ground [J]. Journal of Geophysical Research, 81: 413-420.

CHAMEIDES W L, 1984. The photochemistry of a remote marine stratiform cloud [J]. Journal Geophysical Research, 89: 4739-4755.

CROZE M, ZIMMER L, LEE H, 2018. Ozone atmospheric pollution and Alzheimer's disease: from epidemiological facts to molecular mechanisms [J]. Journal of Alzheimer's Disease, 62(2): 503-522.

CRUTZEN P J. 1974. Photochemical reactions initiated by and influencing ozone in unpolluted tropospheric air [J]. Tellus, 26: 47-57.

CRUTZEN P J, 1975. Physical and chemical processes which control the production, destruction, and distribution of ozone and some other chemically active minor constituents [J]. GARP Publications Series, 16: 236-243.

CRUTZEN P J, SCHMAILZL U, 1983. Chemical budgets of the stratosphere [J]. Planetary & Space Science, 31(9): 1009-1020.

DING A J, FU C B, YANG X Q, et al, 2013. Ozone and fine particle in the Western Yangtze River Delta: an overview of 1yr data at the SORPES station [J]. Atmospheric Chemistry and Physics, 13(11): 5813-5830.

DORLING S R, DAVIES T D, PIECE C E, 1992. Cluster analysis: a technique for estimating the synoptic meteorological controls on air and precipitation chemistry-method and applications [J]. Atmospheric Environment, 26(14A): 2575-2581.

DRAXLER R R, STUNDER B, ROLPH G, et al, 2012. HYSPLIT_4. User's Guide, via NOAA ARL. http://www.arl.noaa.gov/documents/reports/HYSPLIT_user_guide.pdf. NOAA Air Resources Laboratory, Silver Spring, MD, Dec., 1997 revised March.

FERHAT K, ISMAIL A, OMAR A, et al, 2009. Long-range potential source contributions of episodic aerosol events to PM10 profile of a megacity [J]. Atmospheric Environment, 43(36): 5713-5722.

FISHMAN J, CRUTZEN P, 1978. The origin of ozone in the troposphere [J]. Nature, 274: 855-858.

FORSTER P, RAMASWAMY V, ARTAXO P, et al, 2007. Changes in atmospheric constituents and in radiative forcing. Climate Change 2007: The physical science basis. Contribution of working group I to the 4th assessment report of the intergovernmental panel on climate change [M]. Cambridge: Cambridge University Press.

FU Y, LIAO H, YANG Y, et al, 2019. Interannual and decadal changes in tropospheric ozone in China and the associated chemistry-climate interactions: A review [J]. Advances in Atmospheric Sciences, 36(9): 975-993.

FUHRER J, 2009. Ozone risk for crops and pastures in present and future climates [J]. Die Naturwissenschaften, 96(2): 173-94.

GUO H, CHEN K Y, WANG P F, et al, 2019. Simulation of summer ozone and its sensitivity to emission changes in China [J]. Atmospheric Pollution Research, 10(5): 1543-1552.

GUUS J M V, GRANIER C, PORTMANN R W, et al, 2001. Global tropospheric NO_2 colomn distributions: Comparing three-dimensional model calculations with GOME measurements [J]. Journal of Geophysical Research, 106 (D12): 12643-12660.

JUNGE C E, 1962. Global ozone budget and exchange between stratosphere and troposphere [J]. Tellus, 14(4): 364-377.

LEE D S, K HLER I, GROBLER E, et al, 1997. Estimations of global NO_X emissions and their uncertainties [J]. Atmospheric Environment, 31(12): 1735-1749.

LELIEVELD J, CRUTZEN P J, 1990. Influences of cloud photochemical progresses on tropospheric ozone [J]. Nature, 343: 227-233

LEVY H, 1971. Normal atmosphere: large radical and formaldehyde concentrations predicted [J]. Science, 173: 141-143.

LI G H, BEI N F, CAO J J, et al, 2017. Widespread and persistent ozone pollution in eastern China during the non-winter season of 2015: observations and source attributions [J]. Atmospheric Chemistry and Physics, 17(4): 2759-2774.

LI M, ZHANG Q, ZHENG B, et al, 2019. Persistent growth of anthropogenic non-Methane volatile organic compound (NMVOC) emissions in China during 1990-2017: drivers, speciation and ozone formation potential [J]. Atmospheric Chemistry and Physics, 19(13): 8897-8913.

LIN W L, XU X B, et al, 2009. Characteristics of gaseous pollutants at Gucheng, a rural site southwest of Beijing [J]. Journal of Geophysical Research: Atmospheres, 114: 4723-4734.

LIU H, LIU S, XUE B R, et al, 2018. Ground-level ozone pollution and its health impacts in China [J]. Atmospheric Environment, 173: 223-230.

PANDIS S N, J H SEINFELD, 1989. Sensitivity analysis of a chemical mechanism for aqueous-phase atmospheric chemistry [J]. Journal Geophysical Research, 94: 1105-1126.

RAFAEL B, JULIO L, SOTIRIS V, et al, 2007. Analysis of long-fange transport influences on urban PM_{10} using two-stage atmospheric trajectory clusters [J]. Atmospheric Environment, 41: 4434-4450

SARAH C K, JENNIFER G M, 2017. Understanding ozone-meteorology correlations: A role for dry deposition [J]. Geophysical Research Letters, 44(6): 1-10.

SEO J, YOUN D, KIM J Y, et al, 2013. Extensive spatio-temporal analysis of surface ozone over South Korea for 1999-2010 considering meteorological factors [C]. EGU General Assembly Conference Abstracts.

SICARD P, DE MARCO A, TROUSSIER F, et al, 2013. Decrease in surface ozone concentrations at Mediterranean remote sites and increase in the cities [J]. Atmospheric Environment, 79: 705-715.

SOLOMON P, COWLING E, HIDY G, et al, 2000. Comparison of scientific findings from major ozone field studies in north America and Europe [J]. Atmospheric Environment, 34: 1885-1920.

STAUFFER R M, THOMPSON A M, MARTINS D K, et al. 2015. Bay breeze influence on surface ozone at Edgewood, MD during July 2011 [J]. Journal of atmospheric chemistry, 72(3-4):

335-353.

STOCKWELL W R,1986. A homogeneous gas phase mechanism for use in a regional acid deposition model [J]. Atmospheric Environment,20:1615-1632.

TAN C,DENG S L,GAO Y,et al,2017. Characterization of air pollution in urban areas of Yangtze River Delta,China [J]. Chinese Geographical Science,27(5):836-846.

WANG F,CHEN D S,CHENG S Y,et al,2010. Identification of regional atmospheric PM_{10} transport pathways using HYSPLIT,MM5-CMAQ and synoptic pressure pattern analysis [J]. Environmental Modelling & Software,25(8):927-934.

WANG N,LIU X P,DENG X J,et al,2019. Aggravating O_3 pollution due to NO_X emission control in Eastern China [J]. Science of the Total Environment,677:732-744

WANG T,CHEUNG T T F,2001a. Ozone and related gaseous pollutants in the boundary layer of Eastern China:overview of the recent measurements at a rural site [J]. Geophysical Research Letters,28(12):2373-2376.

WANG T,WU Y Y,CHEUNG T F,et al,2001b. A study of surface ozone and the relation to complex wind flow in Hong Kong [J]. Atmospheric Environment,35(18):3203-3215.

WANG T,XUE L K,BRIMBLECOMBE P,et al,2017a. Ozone pollution in China:a review of concentrations,meteorological influences,chemical precursors,and effects [J]. Science of the Total Environment,575:1582-1596.

WANG Y Q,STEIN A F,DRAXLER R R,et al,2011. Global sand and dust storms in 2008:Observation and HYSPLIT model verification [J]. Atmospheric Environment,45(35):6368-6381.

WANG Y X,SHEN L L,WU S L,et al,2013. Sensitivity of surface ozone over China to 2000—2050 global changes of climate and emissions[J]. Atmospheric Environment,75:374-382.

WANG Y,BEIRLE S,LAMPEL J,et al,2017b. Validation of OMI,GOME-2A and GOME-2B tropospheric NO_2,SO_2 and HCHO products using MAX-DOAS observations from 2011 to 2014 in Wuxi,China:investigation of the effects of priori profiles and aerosols on the satellite products [J]. Atmospheric Chemistry and Physics,17(8):5007-5033.

XIE M,SHU L,WANG T J,et al,2017. Natural emissions under future climate condition and their effects on surface ozone in the Yangtze River Delta region,China [J]. Atmospheric Environment,150:162-180.

XU W Y,ZHAO C S,RAN L,et al,2011. Characteristics of pollutants and their correlation to meteorological conditions at a suburban site in the North China Plain [J]. Atmospheric Chemistry and Physics,11(9):4353-4369.

YERRAMILLI A,DODLA V R D,CHALLA V S,et al,2012. An integrated WRF/HYSPLIT modeling approach for the assessment of $PM_{2.5}$ source regions over the Mississippi Gulf Coast region [J]. Air Quality Atmosphere and Health,5(4):401-412.

ZHANG Y H,SU H,ZHONG L J,et al,2008. Regional ozone pollution and observation-based approach for analyzing ozone-precursor relationship during the PRIDE-PRD2004 campaign [J]. Atmospheric Environment,42(25):6203-6218.

ZHAO W, FAN S J, GAO B, et al, 2016. Assessing the impact of local meteorological variables on surface ozone in Hong Kong during 2000-2015 using quartile and multiple line regression models [J]. Atmospheric Environment, 144: 182-193.